Angelika Sust

Primele noastre albine

M.A.S.T., 2020

Cuprins

Prefață — 5
Impresionanta lume a albinelor — 6
Albine, bondari & Co. — 8
Cine trăiește în colonia de albine? — 10
De la ou la albină — 14
Albinele înseamnă mult mai mult decât miere — 18
Sănătate din stup — 20
Mierea are multe fețe — 26
Bee or not to be — 32

Sunt potrivite albinele pentru noi? — 36
Dulce ca mierea și otrăvitor în același timp — 38
Curs de inițiere și workshop de apicultură — 40
Apicultura: convențională, bio sau holistică? — 42
Gata de sosirea albinelor — 60
Echipament de bază pentru apicultorul începător — 62
În sfârșit: sosesc albinele — 66

Cu albinele de-a lungul anului   70
Mai/iunie: când albinele intră în frigurile roitului…   72
Hrănirea albinelor   82
Vara: pregătire pentru iarnă   84
Am ajuns și aici: recoltarea mierii   88
Toamna: ultimele plante melifere și ultimul puiet   96
Iarna: retragerea în ciorchinele de iarnă   100
Primăvara: natura și familia de albine se trezesc la viață   102

Protejarea și îngrijirea sănătății   104
Varrooza   106
Alte boli ale albinelor   112
Recunoașterea situațiilor de urgență   116
Ce altceva mai puteți face pentru albine   118

Prefață

Ne însuflețesc, ne incită, ne fac să visăm cu ochii deschiși și ne îndulcesc viețile. Albinele sunt fascinante! De milioane de ani trăiesc în familii perfect funcționale, iau decizii într-o manieră foarte democratică și asigură fertilitatea planetei noastre ca polenizatoare de încredere.

Lăsați-vă însuflețiți de 30.000 de animale de companie energice! Veți învăța multe de la ele și veți privi cu alți ochi lumea, natura și anotimpurile. Mierea recoltată chiar de dvs. va fi cea mai gustoasă miere din lume și în același timp veți face ceva și pentru propria sănătate. Cu un stup aveți o întreagă farmacie acasă. Nu doar mierea, ci toate produsele obținute de la albine sunt valoroase și sănătoase: polenul, ceara, propolisul, aerul de stup – chiar și veninul de albină!

Iar dacă seara, după o zi extenuată, vă așezați lângă urdiniș și inspirați adânc, relaxarea și starea de bine sunt pure: inspirați mirosul dulce și cald al albinelor, ascultați cu atenție zumzetul, vă liniștiți, observați și vă minunați.

Atunci când albinele lucrătoare zeloase eclozează, celelalte locuitoare din stup le „fac plinul" cu miere bogată în energie.

Impresionanta lume a albinelor

Pentru a crește albine melifere, aveți nevoie de anumite cunoștințe de specialitate despre modul lor de viață. Doar așa puteți estima de ce au nevoie noile dvs. animale de companie. Și cel mai frumos lucru este că tot ce învățați de la și despre albine vă va inspira!

» Între timp, cărțile de specialitate despre albine au devenit pentru mine la fel de interesante precum un roman bun. Înainte de a mă apuca de apicultură m-au impresionat deosebit cele două CD-uri despre albine ale lui Jürgen Tautz, „Der Bien – Superorganismus Honigbiene" (Stupul – superorganismul albinei melifere).

Albine, bondari & Co.

Când vorbim despre albine, ne referim cel mai des la albina meliferă occidentală sau europeană locală, *Apis mellifera*. Dar există aproximativ 30.000 de specii de albine pe pământ. Aproape toate sunt albine sălbatice, precum albina cu blană, albina de nisip și albina zidar sau bondarii. Dintre albinele melifere există în lume doar nouă specii.

Singure la drum: albinele sălbatice

Albinele sălbatice au un aspect foarte diferit. Unele dintre ele au o pilozitate pronunțată, altele au dungi evidente sau sunt mici, delicate și nu ies în evidență. Acestea trăiesc de cele mai multe ori solitar, iar femelele fecundate îngrijesc singure puietul. Excepție fac bondarii, care formează colonii și strâng provizii de hrană. O familie de bondari poate fi alcătuită din 50 până la câteva sute de bondari care trăiesc pe perioada verii.

Albinele melifere trăiesc în colonii

Albinele melifere nu pot supraviețui singure. Ca insecte sociale sau care întemeiază colonii, fiecare membru lucrează colaborând strâns ca un organism ingenios. Numai așa familia poate să supraviețuiască iarna cu suficiente provizii de miere, să se dezvolte bine în anul următor și să se înmulțească. În „întunecimea stupului" albinele melifere comunică în diferite moduri unele cu celelalte, printre altele prin mirosuri, atingeri și vibrații ale construcțiilor de faguri. Cea mai cunoscută metodă de comunicare a albinelor este limbajul dansului prin care iscoadele comunică, de exemplu, locația următoarei surse de hrană sau a unui loc nou potrivit pentru a-și face cuib.

Dată fiind pilozitatea lor groasă, bondarii pot zbura și la mai puțin de 10 °C, temperatură la care pentru albinele melifere este prea frig.

Bine de știut
Opt specii de albine melifere trăiesc în Asia și una, *Apis mellifera*, provine din Europa și Africa. Omul le-a răspândit pe întreg globul, iar în prezent joacă cel mai important rol în apicultura de la nivel mondial.

Cu o privire în lădița albinelor se poate vedea stupul impresionant. Întreaga familie de albine trăiește într-o scorbură mare, unde albinele construiesc pas cu pas structuri de faguri.

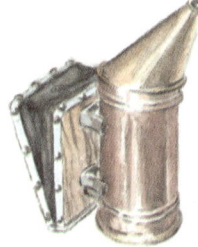

Stupul

Deoarece familia de albine poate supraviețui doar ca întreg, se folosesc adesea termeni pentru a le denumi ca organism unic, iar începând cu secolul al XIX-lea au fost numite „stup". Mulți apicultori și cercetători din domeniul apiculturii merg chiar mai departe. Pentru aceștia chiar și construcțiile din faguri create cu multă „sudoare" de către albine, din ceară fac parte dintre viețuitoarele din familia de albine. Iar scorbura locuinței albinelor servește drept dispozitiv de protecție și este în același timp și cameră pentru copii, cămară și ring de dans.

Albina în costum de viespe

Cu siguranță că personajele clasice din cărțile pentru copii, precum „Albinuța Maia", au contribuit la acest aspect. Când colorăm o albină, folosim aproape întotdeauna culorile negru și galben. Aceste culori sunt specifice viespilor. Albinele melifere au corpul maroniu cu dungi negre în zona inferioară. Unele rase de albine, cum ar fi albina Buckfast, prezintă în plus un inel de culoare portocalie pe abdomen.

Cine trăiește în colonia de albine?

Vara o familie de albine este compusă din 25.000 până la 40.000 de albine, iar iarna numărul lor scade până la 6.000-8.000 de indivizi. În familie trăiesc în principal albinele lucrătoare, o regină și, din aprilie până la sfârșitul verii, 200 până la 2.000 de masculi, adică trântori.

Regina are abdomenul semnificativ mai lung, ușor rotunjit. O „curte" formată din albine lucrătoare o hrănesc, o îngrijesc și o pipăie. Această regină a fost marcată de către apicultor cu un punct roșu pentru a fi mai ușor de găsit.

Regina – mama tuturor albinelor

Regina, numită și matcă, este mama tuturor albinelor din familie. După câteva zboruri de orientare, regina tânără face până la 3 zboruri de împerechere. În cadrul acestora, regina zboară la înălțime în aer în așa-numitele locuri de adunare a trântorilor și se împerechează cu aproximativ 15 trântori din alte familii. Sperma colectată în abdomenul alungit este suficientă pentru întreaga viață a reginei: trei până la cinci ani!

Pentru ca toate albinele să îi poată simțit permanent prezența în stup și să țină familia unită, regina secretă așa-numiții feromoni prin glande speciale. O familie fără regină este pierdută. Se spune că este o familie orfană.

După împerechere, regina își petrece aproape tot restul vieții în interiorul stupului. Ea asigură supraviețuirea coloniei prin depunerea continuă de ouă – cu excepția unei perioade scurte fără puiet, în timpul iernii. Primăvara reușește să depună până la 2.000 de ouă pe zi, ceea ce înseamnă mai mult decât greutatea propriului corp. Dacă regina fecundează ouăle cu spermă din spermatecă, din acestea eclozează albinele lucrătoare. Din ouăle nefecundate vor ieși trântori.

Reproducerea propriu-zisă are loc la albinele melifere prin roit, divizarea familiei de albine în luna mai/iunie (vezi pagina 72). Atunci regina se mută cu o parte din familie într-o nouă locuință.

Un stat democrat

Chiar dacă noi oamenii am dat mătcii numele de regină, nu ea este cea care ia deciziile. În cazul albinelor, fiecare ființă individuală știe ce are de făcut. Dacă trebuie luate decizii, acestea sunt stabilite democratic.

Deosebit de colorată

Unii apicultori marchează regina cu un punct colorat pentru a fi mai ușor de găsit. De asemenea, marcarea indică și anul nașterii mătcii. Deoarece aceasta trăiește cel mult cinci ani, există cinci culori: alb (2016), galben (2017), roșu (2018), verde (2019) și albastru (2020).

Trântorii nu au ac şi pot fi luaţi cu mâna.

Trântorii – mari, gălăgioşi şi neîndemânatici

Atunci când începând cu luna aprilie eclozează trântori în familie, se face gălăgie în stup! Nicio altă albină nu zboară cu un zumzet atât de gălăgios. Cu picioarele lor lungi care atârnă, trântorii par în timpul zborului greoi şi lipsiţi de eleganţă. Sunt semnificativ mai mari decât albinele lucrătoare, iar apicultorii începători îi pot confunda foarte uşor cu regina. Specifici la trântori sunt ochii lor mari – ideali pentru a identifica tânăra regină în timpul zborului de împerechere. Totuşi, doar cei mai puternici şi mai rapizi trântori ajung la regina în zbor – şi plătesc cu viaţa buna lor condiţie fizică. În timpul împerecherii, aparatul reproducător al trântorului se smulge şi acesta moare. Dacă trântorii nu îşi găsesc sfârşitul în acest fel, căzând din cer, atunci la „măcelul trântorilor" de la sfârşitul verii (vezi pagina 84) surorile lor îi alungă din stup şi îi lasă să moară de foame. Durata de viaţă a unui trântor este de aproximativ 4-6 săptămâni.

Consumatori de miere inutili?

Trântorii nu produc miere, nu fac alte lucrări tipice albinelor şi aşteaptă să fie hrăniţi. Trântorul are rol de împerechere pentru alte familii, nu pentru familia proprie. Totuşi, funcţia lor este foarte importantă deoarece asigură extinderea genelor în jurul familiei şi în acest fel supravieţuirea albinelor melifere în sine! De obicei trântorii pot să intre şi să iasă din orice stup străin după bunul plac, ca albine individuale.

Albina lucrătoare – muncitoare și adaptabilă

Albina lucrătoare este cea mai mică albină din familie și îndeplinește cele mai multe sarcini. O albină de vară are în cele 3-6 săptămâni de viață mai multe „meserii" și se depărtează din ce în ce mai mult de locul în care s-a născut.

Mai întâi ea curăță celulele pentru puiet, ca albină curățătoare. Cu glandele secretoare de lăptișor de matcă complet dezvoltate, devine albină doică și hrănește puietul. Apoi strânge nectar, devenind albină culegătoare, tasează polenul în celule sau etanșează cu propolis stupul. Apoi, pentru scurt timp, dezvoltă glande cerifere în abdomen, din care secretă plăcuțe de ceară delicate, cu care construiește structuri de faguri ca albină constructoare. La aproximativ 20 de zile păzește ca sentinelă urdinișul sau ventilează cu aripile, împingând aerul cald afară din stup. Abia aproape de sfârșitul vieții preia albina cu experiență sarcina cea mai periculoasă. Devine albină culegătoare și caută pe raze de până la 5 km polen, nectar, rouă de miere, apă sau propolis.

Carieră flexibilă

În funcție de nevoi, chiar și albinele tinere pot deveni albine culegătoare, iar la cele mai în vârstă să se formeze din nou glande care secretă lăptișor de matcă sau glande cerifere, în măsura în care în familie este nevoie de albine doică și albine constructoare.

Albinele leneșe de iarnă trăiesc mai mult

De la sfârșitul verii, eclozează în familie albinele de iarnă. Ele se protejează și trebuie hrănite cu mult polen pentru a-și crea o rezervă de albumină și grăsime. Cu această „grăsime de iarnă" pot trăi aproximativ 4-6 luni. Albinele de iarnă au grijă ca familia, inclusiv regina, să treacă peste anotimpul rece și îngrijesc în primăvară primul puiet.

Nici vorbă să fie întotdeauna harnice!

Chiar și o albină de vară uneori nu face nimic și se odihnește într-o celulă goală, hoinărește prin stup sau doarme protejată în caliciul unei flori. Dacă nu are prea multă treabă și nu trebuie să hrănească puietul cu lăptișor de matcă, chiar și o albină de vară poate să trăiască mai multe luni.

Această albină lucrătoare este o albină culegătoare de polen. Alte albine culegătoare răspund de nectar, rouă de miere, apă sau propolis.

De la ou la albină

Dezvoltarea celor trei tipuri de albine are durate diferite: regina eclozează după 16 zile, albina lucrătoare după 21 de zile ca insectă complet dezvoltată. Trântorul are nevoie de 24 de zile. De aceea, acarienii de Varroa aleg celulele cu puiet de trântor pentru a-și crește propriul puiet (vezi pagina 106).

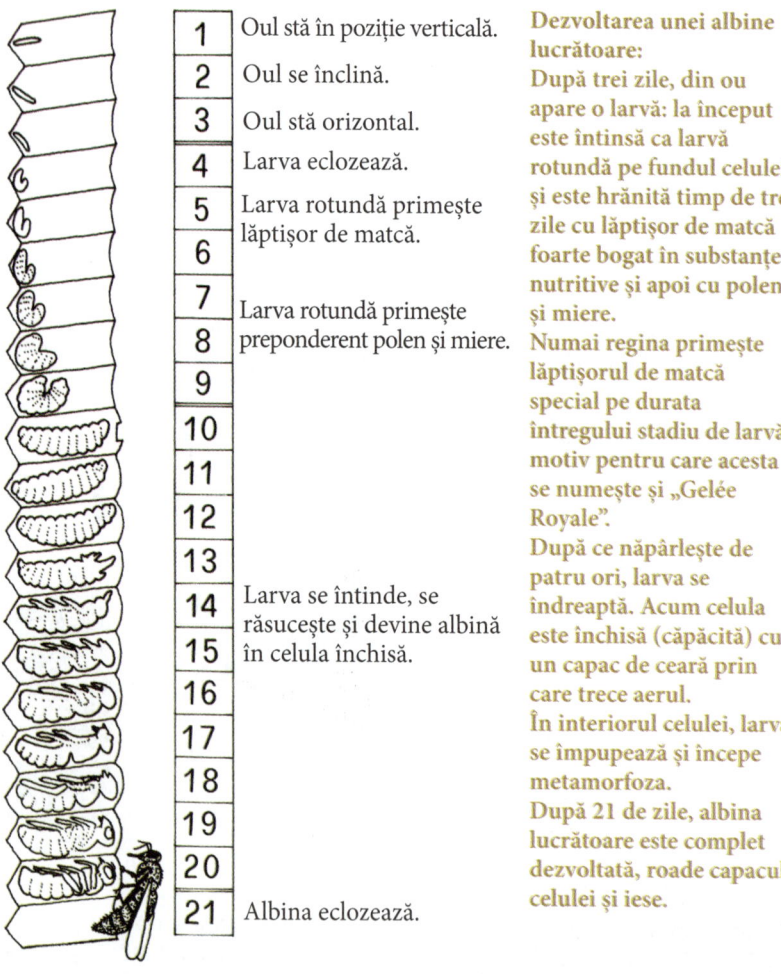

1	Oul stă în poziție verticală.
2	Oul se înclină.
3	Oul stă orizontal.
4	Larva eclozează.
5–6	Larva rotundă primește lăptișor de matcă.
7–9	Larva rotundă primește preponderent polen și miere.
10–13	
14–15	Larva se întinde, se răsucește și devine albină în celula închisă.
16–20	
21	Albina eclozează.

Dezvoltarea unei albine lucrătoare:
După trei zile, din ou apare o larvă: la început este întinsă ca larvă rotundă pe fundul celulei și este hrănită timp de trei zile cu lăptișor de matcă foarte bogat în substanțe nutritive și apoi cu polen și miere.
Numai regina primește lăptișorul de matcă special pe durata întregului stadiu de larvă, motiv pentru care acesta se numește și „Gelée Royale".
După ce năpârlește de patru ori, larva se îndreaptă. Acum celula este închisă (căpăcită) cu un capac de ceară prin care trece aerul.
În interiorul celulei, larva se împupează și începe metamorfoza.
După 21 de zile, albina lucrătoare este complet dezvoltată, roade capacul celulei și iese.

Celule însămânțate de regină: ouă pe fundul celulelor.

Larve rotunde în lăptișor de matcă aflate în diferite stadii de dezvoltare.

Puiet de albină lucrătoare căpăcit (în stânga) și puiet de trântor căpăcit (în dreapta) cu căpăcelele din ceară cu forma lor tipică, bombată.

Puietul de trântor și puietul de albină lucrătoare
Trântorii și albinele lucrătoare sunt crescute în celule orizontale. Celulele pentru trântori sunt ceva mai mari decât cele pentru albine lucrătoare. De asemenea, puietul de trântor căpăcit se poate recunoaște ușor după căpăcelele bombate din ceară.

Celulele pentru regine, numite și botci, atârnă ca o arahidă de cele mai multe ori de marginea inferioară a fagurelui.

Cuibul pentru puiet, coronița de polen și coronița de miere.

Este important de știut cum construiesc albinele în mod natural un fagure pentru puiet: în partea de jos și în centru se găsește cuibul pentru puiet de albină lucrătoare, de cele mai multe ori oval. Dacă se cresc trântori, celulele lor mai mari sunt dispuse ca o albie plată lateral sau de cele mai multe ori sub puietul de albină lucrătoare. Pentru a putea hrăni puietul direct cu polen și miere, cuibul pentru puiet este închis în partea de sus cu un inel din celule umplute cu polen, coronița de polen, și cu un inel cu celule umplute cu miere, coronița de miere.

Pe acest fagure se recunoaște cu ușurință cuibul pentru puiet datorită coroniței de polen și a coroniței de miere.

Albinele înseamnă mult mai mult decât miere

Fără albine pur și simplu nu am putea supraviețui! Ele polenizează 80 % dintre plantele de cultură pe care le consumăm zilnic. Pe lângă fructe și legume, se numără și nucifere, rădăcinoase și uleiuri vegetale. De aceea, albina este – după bovine și porci – pe locul trei ca ființă utilă omului.

Polenizarea realizată de albine nu duce doar la obținerea mai multor fructe, ci acestea sunt și mai mari și mai grele, cu un conținut mai ridicat de fructoză.

O echipă perfectă: albinele și florile

De-a lungul a milioane de ani, albinele și plantele cu flori s-au adaptat perfect unele celorlalte. În trecut, toate plantele erau verzi, fără miros și fără culoare. Dar în decursul evoluției, plantele au descoperit că „mesagerii zumzăitori ai iubirii ajută la răspândirea lor. Pentru a ademeni micile ajutoare, plantele au dezvoltat mirosuri îmbietoare, culori de semnalizare atractive și nectar stimulant.

Dacă o albină dorește să ajungă la această hrană lichidă, bogată în minerale și zahăr, ea intră în contact cu granulele (polenul) din stamină. Polenul rămâne prins în perii albinei, iar la vizitarea următoarei flori este împrăștiat pe organele de reproducere feminine ale plantei, pistiluri. Se produce fertilizarea, iar din floare apare o sămânță.

Indicatoare naturale

Deoarece albinele văd și în spectrul razelor ultraviolete, unele flori au indicatoare pe care noi nu le percepem. Acestea indică albinelor calea către nectar. Unele flori își schimbă indicatoarele către nectar odată ce sunt fertilizate.

Culegătoare de flori dedicată

Spre deosebire de polenizarea realizată sporadic prin intermediul vântului, polenizarea realizată de albine este precisă și are mult mai mult succes. Așa se face că nici o altă ființă nu polenizează la fel de eficient ca albina meliferă. Ea adună nectar sau polen din aceeași floare până când se termină rezerva, adică albina meliferă este dedicată florii. Și albinele sălbatice și alte insecte sunt polenizatoare importante. Însă acestea schimbă des tipul de floare din care culeg și se pierde polen important pentru formarea fructului și a semințelor plantei.

Bine de știut
Surplusul care se obține în agricultură prin polenizarea realizată de albine este de aproximativ 2,5 miliarde de Euro. Aici nu se include și polenizarea plantelor sălbatice – această contribuție este neprețuită!

Totul este interconectat

Nu le datorăm albinelor doar o sursă de hrană bogată, ci și o natură diversă. Fără albine numeroase plante agricole, decorative și sălbatice ar dispărea, iar fructele și semințele acestora reprezintă hrana și baza vieții pentru păsări, mamifere mici și cele mai mici ființe. Animalele asigură răspândirea semințelor plantelor. Astfel, crește o nouă plantă, iar circuitul roditor se reia.

Agricultura productivă nu se poate obține fără varietatea soiurilor de plante. Plantele formează deosebit de multe fructe și semințe, atunci când există mulți polenizatori diferiți. Pe lângă albinele melifere, printre polenizatori se numără în special albinele sălbatice, dar și muștele gândacii și fluturii.

Polenul plantelor care rămâne prins în perii albinei este măturat de aceasta pentru transport în „panerașul pentru polen".

Sănătate din stup

Un alt motiv pentru a vă apuca de apicultură: albinele nu doar că polenizează o treime din hrana noastră, ci produc și mierea dulce, mult dorită. Albinele ne dau o întreagă gamă de produse valoroase și benefice!

Când mierea este maturată, ea este acoperită de albine cu un căpăcel din ceară prin care trece aerul. În general, o albină produce pe parcursul vieții aproximativ o linguriță de miere. Însă întregul stup reușește să producă până la 300 de kg pe an. Mare parte din cantitatea de miere este folosită chiar de albine pentru efectuarea diferitelor lucrări în stup sau pentru încălzirea ciorchinelui iarna. Pe an, apicultorul recoltează de regulă aproximativ 15-30 de kg pe familie.

Mierea

Cel mai cunoscut produs al albinelor este bineînțeles mierea. Ea constă în proporție de aproximativ 70 % în fructoză și glucoză, precum și în substanțe minerale, enzime, vitamine și aminoacizi valoroși. Mierea ne întărește sistemul imunitar, sporește regenerarea sângelui, susține digestia și are efect benefic și liniștitor asupra căilor respiratorii. Folosită extern, mierea ajută la vindecarea rapidă a rănilor, este ideală și pentru buzele crăpate! Dacă suferiți de febra fânului, vă puteți desensibiliza cu miere direct din mediul respectiv, deoarece în cazul consumului de miere ingerați cantități mici de polen la care, în cantități mari, aveți reacție alergică.

Energie imediată

Deoarece mierea – spre deosebire de zahărul alimentar – conține fructoză și glucoză în formă nelegată, ea reprezintă o sursă imediată de energie pentru organism. Din acest motiv, batoanele energizante pentru sportivi conțin adesea miere.

Copiii mai mici de trei ani ar trebui să nu consume miere deoarece eventualele bacterii ar putea fi periculoase. Cu toate acestea, mai târziu mierea este foarte bună pentru creșterea și dezvoltarea sănătoasă a copiilor dvs.

Albinele acoperă în stup toate crăpăturile cu propolis – chiar și între capacul din pânză de in și rame.

Pâinea albinelor

După ce polenul este depozitat în stup ca rezervă, albinele îl amestecă cu secreția de salivă și cu nectar. Astfel, se macerează, devine mai ușor de digerat și de păstrat mai mult timp. Așa-numita pâine a albinelor sau pâine de polen este îndesată de albine în celule și acoperită pentru protecție împotriva ciupercilor și a bacteriilor cu un strat subțire de propolis.

Veninul de albină

Albinele au un ac cu barbe. Când înțeapă pielea omului sau a unui mamifer, acul rămâne acolo. Dacă albina vrea să fugă, aparatul vulnerant se rupe. Ea moare și întregul conținut al sacului cu venin se poate goli în rană. Pe de altă parte, albina supraviețuiește, când înțeapă o altă insectă.

Cine a fost înțepat și nu este alergic la veninul de albină, poate chiar să se bucure: veninul de albină scade tensiunea arterială, are efect antiinflamator și ajută și la ameliorarea bolilor reumatice.

Se spune că apicultorii ajung adesea la vârste înaintate. Poate că acest lucru se datorează „combinației sănătoase" de miere, polen, ceară, propolis și aer de stup din propria regiune, însoțită de multe înțepături de albine și de calmul necesar, pe care le aduce cu sine lucrul cu fetele defensive.

Bine de știut
Cine folosește mierea pentru îndulcirea ceaiului fierbinte sau a laptelui fierbinte nu profită de pe urma substanțelor sănătoase deoarece la temperaturi mai mari de 40 °C acestea se pierd.

Polenul

La vizitarea florilor, polenul rămâne prins în perii albinei culegătoare. Cu ajutorul picioa‑ relor anterioare și mijlocii, al‑

Polenul poate avea culori foarte diverse, în funcție de floare.

bina perie polenul din „blană", îl umezește cu salivă și nectar și îl frământă cu picioarele posterioare către „panerașul pentru polen". Deoarece albinele sunt vegetariene, pentru ele polenul este o sursă importantă de albumină. Pe lângă albumină, polenul mai conține, printre altele, zahăr, substanțe minerale, aminoacizi liberi și grăsimi. Are efect antibacterian, întărește organismul, susține digestia și ajută în cazul problemelor de prostată.

Unii apicultori valorifică polenul, strângând resturile de polen căzute la urdiniș. Dacă albina se strecoară printr-o deschizătură strâmtă, își pierde panerașele cu polen.

Propolisul

Albinele mestecă cu uneltele lor bucale stratul lipicios din bobocii diferiților copaci, de ex. mesteacăn, anin, plop, castan, îl amestecă cu salivă și transportă acest lipici de albină sau propolis exact ca pe polen, pe abdomen în stup. În interiorul umed și cald al stupului, propolisul servește drept antibiotic natural deoarece împiedică dezvoltarea bacteriilor, virusurilor și ciupercilor. Albinele acoperă toți pereții interiori, precum și întreaga construcție de faguri cu un strat delicat de propolis.

Propolisul împiedică dezvoltarea bacteriilor și a virusurilor și în corpul uman. Ajută la vindecarea rănilor și ameliorează bolile căilor respiratorii. În cazul anumitor boli, se presează pur și simplu pe cerul gurii o cantitate de propolis crud de mărimea unui bob de mazăre și se ține acolo peste noapte.

Gelée Royale

Lăptișorul de matcă din glandele albinelor doică, cu care sunt hrănite toate larvele la începutul vieții și regina pe tot parcursul vieții, se mai numește și Gelée Royale. El conține apă, zahăr, proteine, aminoacizi, grăsimi, substanțe minerale și microelemente. Se crede că lăptișorul de matcă ajută în cazul oamenilor la regenerarea celulară și stimulează metabolismul. Totuși, s-a demonstrat că poate provoca reacții alergice, umflături, vărsături și diaree.

Situație de urgență absolută

Pentru a obține lăptișor de matcă, se ia regina dintr-o familie de albine. Pierderea reginei duce la un nivel de stres ridicat pentru albine. În locul acesteia se introduc mai multe botci artificiale în familie care sunt hrănite de albinele doică ca situație de urgență. Deoarece obținerea lăptișorului de matcă afectează foarte puternic albinele, vă sfătuiesc să cumpărați acest produs.

Și la oameni, propolisul are efect antibacterian, ajută în cazul durerilor în gât și a amigdalelor inflamate.

Albinele constructoare secretă solzişori de ceară din glandele cerifere de pe partea interioară a abdomenului. Din aceasta construiesc fagurii fragili, uşori, dar stabili – o adevărată operă de artă! Pentru a crea fagurii pentru un cuib complet, albinele secretă peste un kilogram de ceară, adică mai mult de un milion de solzişori de ceară. Pentru aceasta, au nevoie de aproximativ 7 kg de miere.

Ceara

Prin glandele cerifere de pe partea inferioară a abdomenului, albina lucrătoare secretă plăcuţe de ceară fragile, albe ca zăpada. Ea prinde plăcuţa pe o periuţă de pe abdomen şi o transportă cu ajutorul picioarelor anterioare către gură. Acolo ceara este mestecată până devine maleabilă, adăugându-se secreţii corporale şi apoi este fixată pe construcţie cu ajutorul mandibulelor (unelte bucale).

Înainte de parafină şi stearină, ceara de albine era foarte importantă ca materie primă pentru lumânări. Astăzi este conţinută în creme, loţiuni şi balsam de buze drept componentă de îngrijire, ca agent de separare în ursuleţii gumaţi sau ca protecţie a suprafeţelor mobile. În cazul răcelilor, guturaiului şi a durerilor de articulaţii şi musculare ajută pachetele calde cu ceară de albine.

Guma de mestecat a apicultorului, din ceară de albine, ajută şi în cazul rinitei alergice.

Lumânările din ceară confecționate din ceara propriilor albine sunt cu adevărat deosebite.

Guma de mestecat a apicultorului

La recoltarea mierii, ceara răzuită de pe capace (vezi paginile 26 și 93) dă o gumă de mestecat perfectă. Mestecați ceară de albine pură care a fost acoperită de albine cu un strat delicat de propolis și are gust de miere și polen. Ajută în cazul răcelilor și a sinuzitelor!

Aerul de stup

Există tratamente în cadrul cărora pacienții sunt conectați prin intermediul unui furtun și a unei măști de gaze direct la interiorul unui stup de albine și inspiră aerul pur din stup. Cine a stat vreodată lângă urdiniș și a inspirat aerul cald ventilat de albine din interiorul stupului știe cât de benefic este! Aerul de stup aduce la un loc produsele valoroase ale unui stup de albine – mirosul de miere, propolisul, polenul și ceara. Dacă este inspirat direct, ameliorează bolile căilor respiratorii, cum ar fi astmul sau bronșita, ajută în cazul alergiilor, durerilor de cap cronice, sistemului imunitar slab și în cazul depresiei.

Mierea are multe fețe

Pe lângă mierea obținută din faguri prin centrifugare, care este adesea miere de import amestecată și se găsește în supermarket, există și variante mai sănătoase, mai fine și mai tradiționale, care scot în evidență adevăratul gust al mierii mult mai bine.

Mierea recoltată prin centrifugare

Această miere este extrasă din celule prin centrifugare. Centrifugele pentru miere sunt relativ scumpe. Dacă doriți să extrageți mierea cu centrifuga, ați putea mai întâi să cereți unui alt apicultor să vă împrumute centrifuga sa. Mare parte din mierea produsă în Europa este recoltată prin centrifugare. Componentele precum polenul, ceara și propolisul sunt conținute în cantități mici sau nu există deloc. Formularea „centrifugată la rece" este în general inutilă și greșită. În timpul centrifugării, mierea nici nu se răcește, nici nu se încălzește, ea iese din celulele în care este depozitată datorită forței centrifuge.

Apoi se așază fagurii în centrifugă pentru miere.

Înainte de centrifugare fagurii de miere sunt descăpăciți.

Mierea strecurată

Pentru aceasta, fagurii de miere se mărunțesc, iar mierea este separată de ceară eventual prin intermediul unei site. La fel ca mierea în fagure din regiunea Heide, mierea strecurată este foarte valoroasă, naturală și sănătoasă deoarece este extrasă într-o manieră care protejează produsul și conține multe ingrediente naturale. În această carte este descrisă extragerea mierii strecurate (vezi pagina 93), unde construcția de faguri poate și fi presată la final.

Mierea presată

Dacă fagurii de miere sunt presați cu o presă cu coș din oțel inoxidabil – ca presa pentru fructe – se obține mierea presată, tradițională, cu componente valoroase, în special polen. Are o aromă foarte intensă.

Mierea în fagure din regiunea Heide este mierea de cea mai buna calitate pe care o puteți obține.

Mierea în fagure din regiunea Heide

Aceasta este mierea care se găsește încă în construcția de faguri căpăciți – și anume în faguri naturali deschiși la culoare, adică fără puiet. Are o aromă deosebită, este cea mai valoroasă și cea mai sănătoasă! Mierea în fagure din regiunea Heide nu este centrifugată sau prelucrată, deci este complet naturală. Ea conține toate componentele valoroase, precum polenul, propolisul și ceara de albine. În plus, se remarcă nuanțele de parfum și arome ale gustului de odinioară care se pierd în timpul centrifugării și al turnării în borcane.

Mestecați niște miere în fagure din regiunea Heide cu tot cu fagure până când rămâne în gură doar ceara care poate fi aruncată. O adevărată experiență!

Mierea în fagure

Dacă în spațiul pentru miere ați lucrat cu pereți intermediari, puteți decupa bucăți de faguri deschise la culoare, fără puiet. Spre deosebire de mierea în fagure din regiunea Heide, această miere în fagure presupune un perete intermediar de ceară, artificial. Comparativ cu fagurii construiți natural, acesta este mult mai gros. Acest lucru se poate observa la mestecare, motiv pentru care după părerea mea nu este la fel de gustoasă ca mierea în fagure din regiunea Heide.

Mierea de pădure

Afidele înțeapă țesutul vascular al coniferelor (molid, tisă, brad sau pin) și sug seva plantelor. Lichidul în exces este eliminat ca mană de miere bogată în fibre. Albinele melifere consumă seva lipicioasă, vâscoasă de pe ace și o prelucrează, transformând-o în mierea de pădure închisă la culoare și aromată. Afidele nu se înmulțesc totuși în fiecare an în număr suficient de mare, astfel că „pădurea nu produce întotdeauna miere"!

Mierea de pădure nu este o rezervă bună de iarnă pentru familia de albine deoarece este greu de digerat și poate provoca diaree.

Această albină culegătoare suge roua de miere de la păduchele țestos al molidului.

Mierea de foioase

Și mierea de foioase are un gust foarte puternic și este produsă de albine din roua de miere secretată de afide pe arborii de foioase (stejar, tei, arțar).

Mierea de brad

Mierea aromată de brad se obține din roua de miere de la afidele de pe bradul alb. Așadar, provine din Pădurea Neagră sau din pădurea șvabă sau bavareză. Mierea de brad rămâne mult timp lichidă.

Mierea de salcâm este lichidă și adesea de culoare aurie, mierea de rapiță este vâscoasă și aproape albă.

Mierea monofloră

Cum fac albinele să culeagă doar de la tei sau castan? Deoarece albinele rămân fidele unui anumit tip de floare, ele culeg până când respectiva bază meliferă este epuizată. Și deoarece plantele melifere înfloresc în momente diferite, puteți obține miere monofloră cu ponderi mici de diferite alte tipuri de miere. Aceasta provine în proporție de cel puțin 50 % de la planta meliferă principală.

Miere poliflora sau monoflora

Cea mai mare parte a mierii este miere poliflora, din nectarul mai multor plante melifere, de exemplu miere din florile de vară sau miere din florile de primăvară. Aceste tipuri de miere sunt la fel de valoroase ca mierea monofloră și au un gust cu o aromă deosebită, florală.

Tare sau lichidă?

Orice miere bună, naturală se cristalizează mai devreme sau mai târziu și devine tare. Mierea cu un conținut ridicat de glucoză se cristalizează deosebit de ușor. Cea mai mare parte a mierii din supermarket a fost încălzită scurt pentru a deveni mai lichidă pentru clienți. Ea este afectată de căldură deoarece la temperaturi de peste 40^0C toate ingredientele valoroase din miere se distrug. Unele sortimente de miere monofloră, cum ar fi mierea de salcâm, rămân lichide natural până la doi ani.

Amestecuri din țări aparținând Comunității Europene și din țările care nu fac parte din Comunitatea Europeană

Aproape toate sortimentele de miere ieftine din supermarket sunt „amestecuri din țări aparținând Comunității Europene și din țările care nu fac parte din Comunitatea Europeană". Aceste amestecuri de miere sunt de cele mai multe ori deteriorate prin încălzire și pot conține polen de la plante modificate genetic, precum și substanțe toxice. Cel mai bine este să cumpărați mierea locală sau direct de la apicultor, deoarece în Germania producerea și prelucrarea mierii este reglementată strict de Regulamentul german privind mierea. În cazul mierii bio, precum și al mierii certificate Demeter, puteți fi siguri că nu conține reziduuri chimice deoarece împotriva acarienilor de Varroa se folosesc doar acizi organici (vezi paginile 45 și 46).

Mierea – produsul râvnit

Pe cap de locuitor se consumă în Germania în medie puțin peste 1 kg de miere pe an. Conform estimărilor cei 110.000 de apicultori din Germania recoltează de la 750.000 de familii de albine 20.000 de tone de miere anual. Această cantitate reprezintă aproximativ 20 % din consumul de miere din Germania. Pentru 1 kg de miere albinele melifere trebuie să culeagă 3 kg de nectar. Pentru aceasta albinele culegătoare ale unei familii zboară la aproximativ 5 milioane de flori, iar drumul de întoarcere este pe o distanță suficientă pentru a face înconjurul Pământului de mai bine de trei ori.

În funcție de sortiment, mierea naturală se cristalizează mai devreme sau mai târziu și devine tare. Cristalizarea poate fi împiedicată sau întârziată prin amestecarea mierii recoltate câteva minute de mai multe ori pe zi pe parcursul unei săptămâni. Se așteaptă cu amestecarea până când începe cristalizarea, iar mierea prinde o strălucire perlată, ușor opacă. Aici s-a folosit un omogenizator pentru miere din oțel inoxidabil cu două palete de amestecare, care se rotesc în sens opus.

Bee or not to be

De milioane de ani familiile de albine au asigurat fertilizarea plantelor. Totuși, în ultimii ani numărul familiilor de albine este în scădere drastică la nivel mondial. În unii ani, numai în Germania a scăzut cu până la 30 %, în America până la 80 %. Apicultorii elvețieni au pierdut în 2012 jumătate din familiile de albine.

Prea multe surse de poluare

Nu există doar un singur motiv pentru moartea albinelor – de cele mai multe ori este o combinație dintre mai mulți factori poluanți diferiți. Pe lângă acarienii de Varroa răspândiți din Asia (vezi pagina 106), printre cauzele principale ale morții albinelor se numără monoculturile și pesticidele. Dar și selecția unică pentru înmulțire, manipularea masivă și intervenția în comportamentul natural al familiei slăbesc rezistența albinelor și le fac vulnerabile la boli.

> „Dacă nu mai există albine, nu mai există plante, nu mai există animale, nu mai există oameni". Un citat menționat adesea, care se spune că ar fi după Albert Einstein. Albinele sunt considerate un indicator pentru natura intactă, cu ecosisteme funcționale – ceea ce avem nevoie și noi pentru supraviețuire.

Monoculturile nu doar că sunt stropite cu substanțe toxice, dar oferă albinelor un singur tip de hrană. Iar dacă florile culturilor au trecut, albinele nu mai găsesc pe terenul respectiv niciun fel de hrană.

Industrializarea agriculturii

Fermele mici, sustenabile economic, nu mai au nicio șansă de supraviețuire în prezent. Agricultura industrială, intensivă, domină fiind protejată de politica agrară actuală a Uniunii Europene. Ea se bazează pe monoculturi care sunt stropite cu agenți chimici de protecție a plantelor (pesticide) pentru a obține cu cât mai puțin efort profituri maxime într-un timp cât mai scurt. Câmpurile trebuie să fie potrivite pentru prelucrarea cu mașini. Acest lucru perturbă chiar și rândurile de flori de la margine și este o catastrofă pentru insectele polenizatoare. Dacă florile unei monoculturi trec, albinele nu mai găsesc deloc hrană pe terenul respectiv. Pe lângă aceasta, albinele culegătoare sunt adesea otrăvite de pesticidele folosite de obicei. Ele mor sau își pierd simțul orientării și nu mai reușesc să se întoarcă în stup.

More Than Honey

Filmul „More Than Honey" ilustrează în detaliu cum se cresc albinele și cum sunt trimise prin poștă sau cum sunt transportate – fiind îndopate cu un medicament – în camioane de pe o plantație mare către o altă plantație mare. Sau cum în China, după utilizarea masivă a pesticidelor, albinele au dispărut din multe regiuni, iar acum oamenii se urcă în copaci și polenizează manual floare cu floare.

Fără apicultori nu au nicio șansă

Familiile noastre de albine melifere nu pot supraviețui în natură fără susținerea unui apicultor. Nu găsesc lucruri potrivite pentru stup și în multe regiuni, mai ales în zonele rurale, nu mai există suficientă hrană în prezent. Apicultorul oferă albinelor o casă, le hrănește în perioadele în care este nevoie și le protejează împotriva bolilor.

Chiar și grădinari privați care nu tratează plantele care înfloresc cu substanțe otrăvitoare ajută albinele melifere și chiar și pe albinele sălbatice. Pentru protejarea albinelor sălbatice, putem să montăm în plus un hotel pentru insecte.

Deseori nu se poate stabili cu exactitate cauza morții unei familii de albine. De cele mai multe ori sunt mai mulți factori care împreună slăbesc prea mult familia.

Aproximativ 200 dintre cele peste 560 de specii de albine sălbatice din Germania se află pe Lista Roșie. În imagine se pot vedea o albină din specia *Chelostoma florisomne* (albina tăietoare) și o albină din specia *Heriades truncorum* la pregătirea tuburilor pentru cuib.

Sunt potrivite albinele pentru noi?

Comparativ cu alte animale domestice sau animale de povară, albinele melifere și-au păstrat multe aspecte ale caracterului sălbatic. Se întrețin singure și nu au nevoie de atenția noastră zilnic. Totuși, albinele depind de asistența din partea apicultorului.

> *Când mă ocup de albine, mă umplu cu energie, inspirație și stare de bine. Pentru mine, apicultura este compensarea ideală a vieții monotone de zi cu zi.*

Dulce ca mierea și otrăvitor în același timp

Din cele mai vechi timpuri mierea de albine este cel mai dulce produs natural dintre alimente. Dar cu propriile albine nu doar că puteți să recoltați propria miere, ci chiar aveți în viața de zi cu zi o bucată fascinantă de natură. Nu sunteți siguri dacă albinele sunt potrivite pentru dvs.? Înainte de a crea propria familie de albine, merită să clarificăm câteva lucruri....

Înțepăturile de albine și alergia

În Germania, doar puțin peste 4 % din populație reacționează alergic la înțepăturile de albine, însă veninul de albină poate pune în pericol viața persoanelor care sunt alergice. Simptome precum mâncărime, roșeață sau bubițe apar pe întreg corpul. Se poate ajunge la tahicardie, amețeală, dispnee, senzație de vomă și vărsături sau chiar la șoc anafilactic. Dacă observați la dvs. sau la altcineva aceste reacții, ar trebui să sunați imediat la numărul de urgență.

Deoarece la prima înțepătură se pot dezvolta anticorpi, se observă abia de la a doua începătură, dacă aveți reacție alergică. În cazul în care nu sunteți sigur dacă reacționați alergic la veninul de albină, puteți efectua teste la medic.

Bine de știut
Roșeața, mâncărimea și umflăturile care apar doar în jurul înțepăturii sunt reacții normale și nu indică o alergie la veninul de albină. La mine a durat 4-5 zile până când umflătura s-a dezumflat.

Albinele nu înțeapă niciodată pur și simplu, ci doar atunci când se simt amenințate.

Dacă lucrați cu albinele, trebuie să aveți timp și liniște. Cine îngrijește albine sub presiunea timpului pierde rapid bucuria activității.

Timp și chef pentru responsabilitate

Multe dintre sfaturi spun că apicultura se poate practica foarte simplu, cu un necesar de timp de 15-20 de ore pe an. Eu nu sunt de acord. Cel puțin în primii ani aveți nevoie de timp și chef pentru a cunoaște cu exactitate albinele și a vă cufunda mai adânc în modul lor de viață extraordinar. Pe lângă munca practică la stupul de albine, merită să participați la cursuri sau la workshopuri, ca să vă pregătiți continuu și să faceți schimb de experiență.

Albinele depind de asistența apicultorului. În anumite perioade din anul apicol se recomandă vizitarea zilnică a albinelor. De cele mai multe ori sunt suficiente doar câteva minute, când verificați efectul tratamentului împotriva Varroa (vezi pagina 110). În perioada de roire din mai/iunie ar trebui să fiți o dată pe săptămână la stupină (vezi pagina 72). Din acest motiv, vă recomand o stupină la care se poate ajunge rapid.

Și care sunt costurile?

Creșterea albinelor nu este ieftină. Cu toate că în această carte vă este prezentată o metodă cât mai avantajoasă, doar stupul albinelor cu ramele și elementele de protecție costă între 170 și 300 de Euro, un roi costă de cele mai multe ori între 50 și 100 de Euro, echipamentul apicol de bază, precum și accesoriile pentru recoltarea mierii și tratamentul împotriva Varroa duc la 125 de Euro. Chiar și așa, apicultura este o ocupație care vă îmbogățește, oferindu-vă mai mult decât propria miere prețioasă.

Curs de inițiere și workshop de apicultură

Cel mai bine aflați la un curs de apicultură dacă albinele sunt potrivite pentru dvs. Mie mi-a fost de mare ajutor un curs despre apicultura holistică. Aici aveți ocazia să cunoașteți pe viu ființele din stup și cum sunt interconectate impulsurile din familia de albine cu ritmurile din natură.

Bine de știut
În Germania, sunt oferite cursuri despre apicultura sustenabilă, ecologică și holistică, de exemplu organizate de către De Immen și Mellifera e. V. precum și cele ale grupurilor regionale melifera sau ale apicultorilor de la Demeter din apropiere.

De asemenea, multe asociații de apicultori oferă cursuri informative și consiliere. Aici este transmisă preponderent creșterea albinelor convențională, modernă (vezi pagina 43), la care apicultorul intervine puternic în organismul familiei de albine.

Rețele și mentori apicultori

Creșterea albinelor este dinamică și nu poate fi implementată exact pas cu pas, așa cum este descrisă de cei care dau sfaturi. Este normal ca multe lucruri să se desfășoare surprinzător de diferit. De aceea, este important ca la început să puteți contacta un apicultor cu experiență din împrejurimi, care să vă poată ajuta cu sfaturi și efectiv.

Pe rețeaua de stupi (www.bienenkiste.de), precum și pe rețeaua de consiliere de la Mellifera e. V. (www.mellifera.de) puteți găsi pentru Germania, Elveția și Austria apicultori din apropiere.

Sau cunoașteți un mentor apicultor la cursurile de apicultură, în asociațiile de apicultură sau în alte grupuri de apicultori. Multe grupuri trimit buletine informative utile prin e-mail, prin intermediul cărora sunt oferite sponsorizări, precum și stupine gratuite, familii de albine și echipamente apicole.

Curs de apicultură despre abordarea holistică a albinelor în Prinzessinnengarten din Berlin. Cine doreşte să crească albine trebuie să cunoască în prealabil comportamentul natural al acestora. După părerea mea, acest lucru se poate face cel mai bine la un curs de apicultură holistică. Apoi puteţi decide ce fel de creştere a albinelor vi se potriveşte cel mai bine.

Apicultura: convențională, bio sau holistică?

La fel ca în agricultură, există diverse tipuri de creștere a albinelor: recolta de miere și metodele de creștere sunt în prim plan în cazul apiculturii convenționale, apicultura holistică are în centru bunăstarea albinelor și intervenția cât mai redusă în familie, apicultura bio se află între cele două. Iată o prezentare generală…

Apicultura modernă, convențională

Cei mai mulți apicultori profesioniști care urmăresc profitul și obținerea unei cantități mari de miere aleg acest tip de apicultură. Albinele trăiesc în așa-numitele lăzi cu magazie (vezi pagina 49) din lemn sau plastic care sunt împărțite în mai multe caturi (etaje). Caturile inferioare compun spațiul pentru puiet, iar cele superioare spațiul pentru miere.

În caturi sunt introduse rame mobile pe care apicultorul lipește pereți intermediari creați artificial.

În apicultura convențională se folosesc în mare parte lăzile cu magazie, cu pereți intermediari lipiți în rame.

Grilajul dintre spațiul pentru puiet și spațiul pentru miere împiedică regina să depună ouă în fagurii pentru miere.

Pereții intermediari sunt plăci din ceară de albine cu ștanțe hexagonale care corespund mărimii celulelor pentru puietul de albine lucrătoare. Aceștia trebuie să ordoneze și să accelereze construcția de faguri de către albine și să împiedice construcția de celule mari, pentru puiet de trântor.

Pentru ca regina să nu depună ouă în spațiul pentru miere, apicultorul separă spațiul pentru puiet de spațiul pentru miere printr-un grilaj. Albinele lucrătoare mai mici se strecoară prin grilaj, ceea ce nu este posibil pentru regina de dimensiuni mari. Dacă rezervele de miere sunt scoase și recoltate complet, albinele primesc ca înlocuitor apă cu zahăr, din care creează o nouă rezervă pentru iarnă. Pentru combaterea acarienilor de Varroa, apicultura convențională permite pe lângă acizi organici și agenți chimici sintetici care pot duce la prezența de reziduuri în miere și în ceară.

Bine de știut
Imediat ce se așează o ramă fără perete intermediar din ceară, albinele profită de ocazie și construiesc celule pentru puiet de trântor. Deoarece acarienii de Varroa (vezi pagina 106) infestează cu precădere aceste celule, ramele pot fi scoase și distruse împreună cu puietul de trântor.

Vă rugăm să nu roiți!
Apicultorul convențional împiedică roirea naturală a familiei de albine (vezi pagina 72) prin inhibarea instinctului de roire al albinelor. În schimb, familia este înmulțită artificial prin nuclee sau prin roiuri artificiale (vezi paginile 66, 68 și 69). Pentru ca albinele să nu fie doar dornice de roire, ci blânde și harnice, se folosesc adesea regine străine însămânțate artificial.

Tăierea aripilor
Ca măsură suplimentară, unii apicultori taie una dintre aripile reginei. Astfel, se împiedică roirea în exteriorul stupului. Cu susținere pe o singură parte, dacă încearcă să zboare, regina cade pe fundul stupului, iar roiul se întoarce forțat în stup.

Apicultura holistică

Apicultura ecologică, sustenabilă, holistică, numită și apicultură Demeter, lucrează cu instinctele naturale ale familiei de albine. La bază se află convingerea că familiile de albine sunt deosebit de vitale și sănătoase, dacă apicultorul intervine și manipulează cât mai puțin posibil. Ce înseamnă acest lucru concret?

Se renunță la metodele de creștere artificiale pentru a nu se pune în pericol diversitatea genetică. Stupii sunt din lemn, lut sau paie și suficient de mari (lăzi cu spațiu mare, vezi pagina 51 și 52), în așa fel încât cuibul pentru pui să nu fie împărțit pe mai multe caturi, adică despărțit. Albinele construiesc cuibul pentru puiet complet singure în construcții de faguri naturale, fără pereți intermediari. Fagurele construit complet natural este mai subțire și nu este niciodată fixat complet de albine în rame. Astfel, fagurele poate să vibreze, ceea ce este important pentru comunicarea în familia de albine. Tratamentul împotriva Varroa se realizează cu acizi organici, fără substanțe chimice care formează reziduuri (vezi pagina 110).

Melifera e. V.

În anii 80, Melifera e. V. a pus bazele apiculturii ecologice, sustenabile și holistice. De atunci s-au făcut studii în apicultura teoretică și experimentală referitoare la metoda holistică Fischermühle, s-a dezvoltat și s-a transmis mai departe.

Ramele lăzii melifera cu un singur compartiment pentru apicultură holistică sunt transformate pas cu pas de albine în construcții de faguri naturali.

În apicultura holistică zona pentru cuibul puietului nu conține pereți intermediari artificiali. La construire fagurilor, numeroase albine ajutătoare se agață unele de altele cu picioarele în șiruri lungi.

Pereți intermediari în spațiul pentru miere

Mulți apicultori care practică apicultura holistică recomandă pereții intermediari în spațiul pentru miere, alții se bazează complet pe construcțiile naturale de faguri. Fiecare procedează așa cum dorește. Deoarece pesticidele sunt solubile în grăsimi, pereții intermediari pot fi poluați din ceara veche. Pereții intermediari fără reziduuri provin din producție ecologică.

Impuls de roire dorit!

Ca toate ființele, și albinele melifere urmăresc supraviețuirea și perpetuarea speciei. Pentru supraviețuire, albinele strâng o rezervă de miere, iar prin creșterea trântorilor și procesul de roire asingură perpetuarea. Prin urmare, apicultorii care cresc albine după metoda holistică nu folosesc toată rezerva de miere, înlocuind-o cu apă cu zahăr și nici nu împiedică puietul de trântor sau instinctul de roire. Familia trebuie să ierneze pe cât posibil cu propria miere, iar apicultorul recoltează doar surplusul de miere – în cazul apicultorilor amatori înseamnă 12 până la 20 de kg. Mierea recoltată este pusă în recipiente înainte de cristalizare și nu este încălzită. Dacă nu se poate evita hrănirea suplimentară a albinelor cu apă cu zahăr, apicultorul îmbogățește hrana cu miere.

Albinele care roiesc nu pot fi capturate tot timpul. Prin urmare, anticiparea roirii este considerată alternativă holistică la procesul de roire natural (vezi pagina 72) pentru înmulțirea familiilor. Așadar, impulsul de roire al familiei este permis și ghidat pe cât posibil.

Apicultura bio

Cine dorește să aibă ștampila bio pentru apicultură și miere, trebuie să respecte cel puțin directivele europene sau directivele uneori mai stricte ale asociațiilor bio individuale pentru apicultură ecologică. Apicultura bio se deosebește de apicultura convențională în special prin următoarele criterii:

- Stupul este construit doar din materiale naturale.
- Pereți intermediari fără reziduuri, din producție ecologică
- Hrănire cu apă și zahăr bio.
- Fără inseminare artificială a reginei și tăierea aripii.
- Tratament împotriva Varroa cu acizi organici (vezi pagina 110)
- Stupină cât mai aproape de suprafețele agricole cultivate ecologic

Bine de știut
Conform AGÖL (1996) (Asociația germană pentru agricultură ecologică), pe borcanele de miere trebuie să se precizeze următoarele: „Din cauza razei mari de zbor a albinelor nu ne putem aștepta ca ele să zboare doar pe suprafețe cultivate preponderent sau exclusiv ecologic."

În oraș albinele găsesc pe tot parcursul anului o masă bogată.

Albinele la oraș

Se cresc din ce în ce mai multe albine la oraș. Așa se face că apicultura urbană („Urban Beekeeping"), nu este doar o tendință, ci și albinelor de cele mai multe ori le este mai bine în prezent la orașe decât în zonele rurale. Acestea găsesc în parcuri, grădini, pe balcoane și în cimitire, în spațiile verzi și pe terenurile necultivate suficient nectar și polen pe tot parcursul anului. În oraș este întotdeauna cu câteva grade mai cald decât în zonele rurale, iar albinele pot ieși din stup mai devreme primăvara și până târziu în toamnă. Totodată, nu există peisaje fără flori sau monoculturi, plante de cultură modificate genetic sau poluare cu pesticide.

Bine de știut
Unii apicultori din regiunile rurale călătoresc cu stupii în orașe, de ex. în Berlin în perioada de înflorire a teilor. Doar în Berlin există în prezent peste 1.000 de apicultori.

Este mierea de oraș poluată?

Dar cum rămâne cu poluarea aerului, gazele de eșapament și particulele de praf? Albinele culeg din flori proaspăt deschise care nu au fost supuse mult timp poluării din aer. Dacă totuși există substanțe toxice în nectar acestea sunt filtrate în corpul albinei la transformarea în miere. Studiile au arătat că la oraș calitatea mierii este foarte bună și este marcată de o varietate deosebit de mare de flori.

Mierea berlineză de metropolă

O analiză a polenului din miere din Prinzessinnengarten din Berlin a arătat că albinele au cules de la peste 400 de specii de plante – flori de nu-mă-uita, viță de Canada, zmeur, cenușar, tei, castan comestibil, salcâm, păr, lemn câinesc, asfodel, castan sălbatic, salcâm japonez, muștar, salcie, gura leului, coada șoricelului, iarba șarpelui, hasmațuchi, euforbie, violetă, trifoi, arțar, oțetar roșu, ricin, lotus, trifoi alb, corn ...

Stupul albinelor

În mod natural familiile de albine preferă un spațiu interior de aproximativ 40 de l, la o înălțime de câțiva metri, cu urdinișul îndreptat către Sud, nu prea mare. Inițial albinele își construiau stupul în scorburi din copaci în pădure, de ex. în scorburi create de ciocănitoare. Astfel de locuri naturale pentru stupi nu prea mai există în prezent.

Lada

Nu este un subiect simplu, fiind adesea discutat: ce stup pentru albine, numit și ladă, este cel mai potrivit pentru mine? În cele din urmă, alegerea lăzii depinde de tipul de stup (ce motivație am, vezi pagina 42), de stupină (cât de mult spațiu am, vezi pagina 58) și de propria constituție, deci cât de puternic sunt.

Pentru cele mai multe lăzi, găsiți pe internet instrucțiuni de construire pentru a le crea chiar dvs.. În acest fel puteți economisi bani, cel puțin în cazul celor cu construcție simplă.

Sfat
Cel mai bine este să nu cumpărați lăzi folosite deoarece acestea pot conține agenți patogeni. Dacă totuși doriți să faceți acest lucru, lăzile trebuie neapărat dezinfectate temeinic.

Construcție fixă sau construcție mobilă

Construcția fixă este construcția la care structura de faguri este construită fix, între pereții lăzii, de exemplu în coșurile pentru albine sau în scorburile copacilor. La construcțiile mobile, albinele construiesc în rame mobile. Ele încep construcția fagurelui de sus, de la șipca superioară și construiesc pas cu pas în ramă. La examinarea familiei, apicultorul scoate ramele una câte una și le verifică.

Lăzile cu magazie

Dacă doriți să practicați apicultura în scop economic și să recoltați cât mai multă miere posibil, puteți folosi lăzile cu magazie tipice în apicultura convențională (vezi pagina 42). În acest caz, există mai multe sisteme care vor fi descrise în continuare.

Lăzile germane obișnuite, Zander și Langstroth

Cele trei tipuri de lăzi, lăzile germane obișnuite (DN), Zander și Langstroth, au în spațiul pentru puiet și spațiul pentru miere rame de aceleași dimensiuni și se diferențiază doar prin volumul total precum și prin dimensiunea fiecărui cat individual. Deoarece aceste lăzi cu magazie, cu mai multe etaje, sunt considerate standard în apicultura convențională din prezent, pot fi integrate foarte ușor, de exemplu nuclee (vezi pagina 26). Pentru mierea centrifugată (vezi pagina 66 și pagina 69) sunt practice ramele

Să nu subestimați: catul unei lăzi cu magazie poate fi foarte greu.

cu dimensiuni standard deoarece sunt compatibile cu centrifugele obișnuite pentru miere. Dar puteți produce și miere strecurată, presată sau în fagure (vezi pagina 27).

Specific lăzilor cu magazie este faptul că sunt compuse din mai multe părți și pot fi adaptate în diferite moduri.

Avantaje	Dezavantaje
Lăzi standard larg răspândite.	Spațiu separat pentru puiet, care nu respectă dispunerea naturală.
O singură dimensiune a ramelor: caturile și ramele pot fi schimbate.	Solicită spatele: trebuie ridicate caturi de miere de până la 30 de kg.
Verificarea hranei și a roitului se poate efectua mai rapid deoarece spațiile pentru miere pot fi ridicate cu catul, iar caturile întregi pentru puiet se pot rabata scurt.	La așezarea caturilor sunt adesea strivite albine.
Se poate recolta multă miere, chiar și miere monofloră.	

Lăzile (stupii) cu magazie din plastic

Sunt într-adevăr mai ușoare și mai simplu de manevrat decât lăzile din lemn, dar nu aș folosi lăzi din plastic. Deoarece în lăzi este o temperatură neobișnuit de ridicată, familia crește puiet o perioadă neobișnuit de lungă și se desprinde uneori prea devreme din ciorchinele de iarnă. În plus, cine și-ar dori să locuiască într-o casă din plastic?!

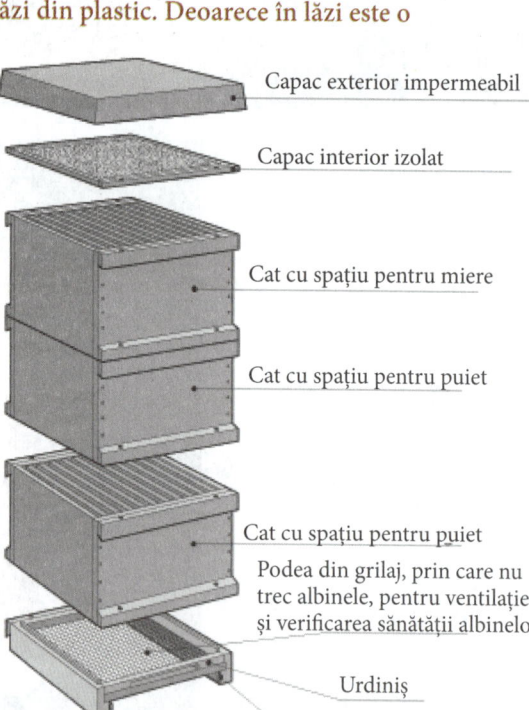

O ladă cu magazie Zander, cu părțile componente.

- Capac exterior impermeabil
- Capac interior izolat
- Cat cu spațiu pentru miere
- Cat cu spațiu pentru puiet
- Cat cu spațiu pentru puiet
- Podea din grilaj, prin care nu trec albinele, pentru ventilație și verificarea sănătății albinelor
- Urdiniș
- Bandă de ghidaj pentru introducerea plăcii de la b

Specific lăzii Dadant: spațiu mare pentru puiet, spații mici pentru miere.

Dadant (lada cu magazie cu spațiu mare)

Stupul Dadant este o ladă cu magazie, cu un spațiu mare pentru puiet și două spații mai mici pentru miere care se pot așeza una peste alta. Spațiul pentru puiet se adaptează, prin intermediul unui separator mobil, la dimensiunea familiei. Cu lada Dadant puteți practica atât apicultura convențională, cât și apicultura holistică (vezi pagina 42). Fagurii de miere pot fi prelucrați cu centrifuga, prin presare, ca miere în faguri sau ca miere strecurată (vezi paginile 26 și 27).

Avantaje	Dezavantaje
Spațiu mare pentru puiet, nedespărțit, asemănător cu cel natural.	Dimensiuni diferite ale ramelor în spațiul pentru miere și spațiul pentru puiet, nu sunt ușor de înlocuit.
Spații pentru miere împărțite în două, mai ușor de manevrat (catul pentru miere cântărește plin în jur de 16 kg).	Chiar și un cat pentru miere de 16 kg poate fi prea greu.
Sunt posibile recolte mai mari de miere decât în lăzile cu spațiu mare, inclusiv recolte de miere monofloră.	Mierea nu poate fi recoltată complet.
În același timp, familia iernează bine cu propria miere.	La așezarea caturilor sunt adesea strivite albine.
Verificarea hranei și a roitului se poate efectua rapid deoarece spațiile pentru miere pot fi ridicate cu catul.	

Lăzile cu spațiu mare

Considerați creșterea albinelor o compensare naturală, ecologică, valoroasă și sunteți mulțumiți cu 15 până la 20 de kg de miere pe an de la fiecare familie de albine? Atunci o ladă cu spațiu mare este potrivită pentru dvs. Recomand apicultorilor începători creșterea albinelor în manieră holistică (vezi pagina 44) în lăzi cu spațiu mare.

Varianta cea mai apropiată de natură

În lăzile cu spațiu mare, familia trăiește – la fel ca în natură – într-un singur spațiu, iar regina se poate mișca liberă, fără grilaj. În apropierea urdinișului, albinele își construiesc cuibul pentru puiet interconectat, cu coroniță de polen și miere. Surplusul de miere este depozitat ca rezervă în faguri, după cuibul pentru puiet (mai departe de urdiniș) și poate fi recoltat de acolo.

> Personal, consider că la început este foarte instructiv să se poată scoate și inspecta ramele. Dar aici are fiecare preferința sa!

Pentru a o deschide, lădița pentru albine se întoarce pe partea frontală, se așează vertical și se scoate capacul stupului

Lădiță pentru albine

În cazul lădițelor pentru albine, ramele nu sunt mobile, iar apicultorul intervine foarte puțin în familia de albine. Ele trăiesc ca familie completă pe construcția de faguri proprie (construcție naturală de faguri). Fagurii de miere nu pot fi introduși la centrifugă. Prin urmare, nu obțineți miere centrifugată, ci miere strecurată, presată sau în fagure (vezi pg. 27).

Lădița pentru albine (un fel de stup orizontal) a fost proiectată special pentru începătorii care doresc să practice apicultura naturală la oraș.

Avantaje	Dezavantaje
Spațiu pentru puiet de dimensiuni mai mari, nedespărțit, asemănător cu cel natural.	Dacă este populată complet, nu poate fi mișcată de o singură persoană.
Fagurii pentru puiet nu trebuie mișcați.	Trebuie deschisă complet pentru verificare, ceea ce duce la risipirea căldurii din cuib.
Familia de albine iernează bine cu mierea proprie.	Mierea nu poate fi recoltată complet, nu se poate obține miere monofloră
Potrivită pentru începători, avantajoasă ca preț și necesar de efort.	La închiderea lădiței, adesea sunt strivite albine.
Se economisește spațiu deoarece nici ramele, nici caturile nu trebuie depozitate.	
Le puteți construi cu ușurință chiar dvs. (instrucțiuni de construire pe internet).	
Găsiți sfaturi foarte bune pas cu pas pe pagina de internet www.bienenkiste.de.	

Lada trapezoidală – Top Bar Hive

Ca și la lădița pentru albine, există și în aceasta doar stinghii superioare. Datorită pereților înclinați ai lăzii, albinele își construiesc fagurii fără să îi fixeze de perete. Astfel, puteți să scoateți individual stinghia superioară și să o inspectați, ca pe o ramă mobilă. Cu ajutorul unui separator, adaptați spațiul interior la dimensiunile familiei de albine. Fagurii de miere nu se pun în centrifugă, ci și sunt prelucrați ca miere strecurată, miere presată și miere în fagure (vezi pagina 27).

Avantaje	Dezavantaje
Spațiu mai mare pentru puiet, nedespărțit, asemănător cu cel natural.	Fagurii trebuie mișcați cu atenție și vertical deoarece în caz contrar se pot sfâșia.
Potrivită pentru începători, avantajoasă ca preț și necesar de efort.	A fost concepută pentru țările mai calde. În timpul iernii se poate întâmpla foarte ușor ca albinele să distrugă fluxul de hrană și să moară de foame
Se economisește spațiu (deoarece nici ramele, nici caturile nu trebuie depozitate).	Mierea nu poate fi recoltată complet, nu se poate produce miere monofloră.
Le puteți construi cu ușurință chiar dvs. (instrucțiuni de construire pe internet).	

Această ladă cu construcție simplă a fost inițial proiectată pentru creșterea albinelor în Africa.

În lăzile Top Bar Hive nu există rame, ci doar stinghii superioare.

Ladă (stup) cu un singur compartiment

Această ladă este la fel de bună atât pentru apiculturii amatori, cât și pentru apicultorii profesioniști Demeter și a fost proiectată și optimizată de Mellifera e. V. special pentru apicultura holistică. Prin intermediul unui separator se adaptează spațiul în funcție de dimensiunile familiei de albine. Ramele corespund fagurilor pentru puiet Dadant cu suprafață mare (în formatul pe înălțime) și pot fi centrifugați cu centrifugele din comerț. Sau puteți prelucra fagurii de miere ca miere strecurată, miere presată sau miere în faguri (vezi paginile 26 și 27).

Avantaje	Dezavantaje
Foarte aproape de natural: fagurii pe înălțime permit un cuib pentru puiet mare, închis și o alimentare independentă bună cu miere.	Mierea nu poate fi recoltată complet, nu se poate produce miere monofloră.
Protejează spatele apicultorului, înălțime de lucru comodă, nu este necesară nicio ridicare dificilă.	
Procedură simplă, bună pentru începători și apicultorii amatori.	
Permite o verificare relativ rapidă, care nu stresează albinele	
Găsiți sfaturi foarte bune pas cu pas pe pagina de internet www.bienenkiste.de.	

În ladă Melifera, cu un singur compartiment, familia de albine își construiește fagurii în mod natural, pe înălțime.

Alte tipuri de stupi

Există multe alte tipuri de stupi, pe care însă nu le-aș recomanda pentru începători. Coșurile pentru albine, foarte rudimentare, sau stupii în buturugi, necesită multă experiență și ceva cunoștințe de specialitate. Lada Warré este un fel de predecesor al lăzilor cu magazie, fără rame mobile. Albinele își construiesc fagurii fixați pe peretele lăzii (construcție stabilă), iar în perioada roitului se declanșează uneori mai multe roiuri, ceea ce poate să pună în dificultate un începător.

O ladă Warré, cu caturi de verificare, adică cu ferestre din sticlă încorporate, permite o priveliște minunată a familiei. Însă albinele devin stresate, dacă sunt privite prea mult timp.

Cutia pentru albine (BienenBox)

Dacă aveți spațiu puțin vi se potrivește, probabil, cutia pentru albine (BienenBox) de la Stadtbienen e. V. Nu o confundați cu lădița pentru albine. Este mai degrabă o variantă de dimensiuni reduse a lăzii Melifera cu un singur compartiment și este optimizată pentru a fi atârnată pe balcon. Cu această cutie, puteți crește albine cu construcții de faguri naturale și să recoltați până la 15 kg de miere strecurată, miere presată sau miere în faguri.

Avantaje	Dezavantaje
Protejează spatele, nu necesită ridicare grea.	Mierea nu poate fi recoltată complet, nu se poate produce miere monofloră.
Se economisește spațiu, este potrivită pentru balcon.	Ladă relativ „tânără" fără rapoarte de utilizare pe o perioadă lungă de timp.
Ușor de folosit pentru începători, bună pentru debutanți și apicultori amatori.	Eventual, este posibil să se rămână fără hrană în cazul perioadelor reci mai lungi din timpul iernii.
Găsiți sfaturi foarte bune pas cu pas pe pagina de internet www.bienenkiste.de.	

BienenBox poate fi montată atât pe balcon, cât și în grădină sau pe acoperiș.

Locul ideal de amplasare

În grădină, în pădure sau în parc, pe acoperiș, în cimitir sau pe balcon... totul este posibil! Totuși, înainte de alegerea locului de amplasare, trebuie să aveți în vedere ca albinele să poată găsi pe parcursul anului suficientă hrană. Acest lucru determină în cele din urmă dacă familia de albine intră în iarnă sănătoasă și puternică.

În cazul în care nu sunteți siguri dacă locul dorit este potrivit, cel mai bine este să întrebați un apicultor din zonă. El cunoaște sigur comportamentul plantelor melifere. Chiar și pe baza listei de corespondență de la grupurile de apicultori sau asociațiile de apicultori puteți găsi adesea un loc de amplasare bun.

Bine de știut
Dacă este nevoie, albinele culegătoare zboară până la 5 km pentru a ajunge la următoarea sursă de hrană. Cu toate acestea, ar fi bine să existe pe cât posibil o bază meliferă bună pe o rază de 1 km.

Se preferă soarele de dimineață

Albinelor le place să fie cald, dar nu prea cald, aerisit, dar nu cu vânt puternic. Ideal este ca stupul să nu stea nici direct în razele soarelui, nici complet în umbră – cel mai bine este să fie protejat sub un acoperiș de frunze sau la adăpost. Așezați lada cu urdinișul îndreptat către Sud-Est, astfel albinele pot începe ziua cu primele raze ale soarelui.

Pistă de zbor liberă

Pe direcția de zbor ar trebui să nu se afle trotuare sau locuri de joacă pentru copii și nici ușa de la intrare a vecinului. Puteți influența puțin zborul albinelor. Dacă în coridorul aerian se află garduri vii înalte de 2 m sau ceva asemănător, albinele culegătoare se ridică la o anumită înălțime de zbor și nu deranjează pe nimeni.

Placa de zbor facilitează plecarea și întoarcerea albinelor în stup.

Vecinii mei erau foarte fericiți: „Atât de multe fructe nu am avut niciodată!"

Spațiu pentru echipament

Locul de amplasare dorit vă oferă suficient spațiu pentru un șopron suplimentar sau o cutie? Cu trecerea timpului, pe măsură ce acumulați experiență, veți acumula și mai multe materiale. Și suprafețele de amplasare pentru caturile grele, afumător și celelalte instrumente sunt importante deoarece la familia de albine ar trebui să puteți lucra confortabil și fără să vă solicitați spatele (!).

Totul legal

În zonele rurale și la oraș creșterea albinelor este considerată ceva obișnuit și este permisă din punct de vedere legal. Pe de altă parte, numărul de familii de albine nu ar trebui să depășească limitele specifice locului. La orașe se pot crește până la șase familii fără probleme, iar în zonele rurale mai multe.

Dacă așezați stupul în spațiul public trebuie să montați un indicator, pe care să menționați numele dvs. și numărul de telefon, dar sunt utile și indicații precum „Aici locuiesc albine" sau „Vă rugăm să nu vă așezați în dreptul urdinișului".

Sceptici în cartier

Indiferent dacă aveți vecini reticenți, temători sau care iubesc natura, ar trebui să îi informați referitor la planurile dvs. Unii oameni se tem de albine. Luați în serios astfel de probleme, chiar dacă știți că teama de albine este neîntemeiată. Vă recomand să îi informați în prealabil, să le explicați vecinilor și apoi să îi invitați la un mic tur pe la stupi. Acest lucru îl încântă pe orice necunoscător! Mai târziu risipiți orice urmă de reticență cu un borcan de miere. Dacă vecinul dvs. are grădină se va lăsa convins de recolta bogată de legume și fructe.

>
> Dacă nu merg mai mult timp să vizitez albinele, îmi este cu adevărat dor de ele. Adesea merg cu mașina până acolo chiar dacă nu este nimic de făcut. De aceea, vă recomand un loc de amplasare la care se poate ajunge rapid. Cel mai bine ar fi, desigur, acasă.

Gata de sosirea albinelor

Pentru a vă proteja stupul de razele UV și de umiditate puteți adăuga pe exterior o vopsea prietenoasă cu albinele și care lasă materialul să respire, de exemplu lac de lemn ecologic sau vernis din ulei de in. Dar în niciun caz nu vopsiți pe interior!

Totul în apă!?

Așezați stupul pe paleți pentru ca fundul lăzii să nu se umezească și aerul să poată circula mai bine. De asemenea, se lucrează mai comod când totul este puțin mai înalt. Este important ca lada să stea dreaptă. Cel mai bine este să verificați cu un boloboc! Deoarece în „bezna stupului", printre altele, forța de greutate servește drept mijloc de orientare pentru albine. Dacă lada stă înclinată, albinele vor construi fagurii înclinați și nu mai puteți scoate fără probleme ramele.

Puteți construi pentru stup o masă sau un podeț în așa fel încât să stea drept.

Asigurată în caz de furtună

Îngreunați capacul superior al lăzii cu cărămizi împotriva vremii nefavorabile. În cazul lăzilor cu magazie sub formă de turn, cel mai bine este să fixați cu o curea capacul de palet.

Sârme sau bețe din lemn

Dacă doriți să lucrați holistic (vezi pagina 44), cu construcții naturale de faguri, ar trebui, pentru împiedicarea distrugerii fagurilor, să îi stabilizați în rame. Puteți echipa ramele cu sârmă. Pentru aceasta ar trebui ca firele fine din oțel inoxidabil să fie tensionate strâns. Sau puteți introduce bețe din lemn de 5 cm lungime (dibluri sau țepușe de frigărui de 3 cm) în orificiile prevăzute pentru sârmă. Albinele integrează oricum, fără probleme, sârmele sau bețele în construcția de faguri.

Dacă lucrați mai degrabă cu pereți intermediari decât cu construcții naturale de faguri, trebuie să lipiți plăci de ceară pregătite în ramele legate cu sârmă. Instrucțiuni pentru legarea cu sârmă și lipire găsiți pe internet.

Ramele lăzii Melifera cu un singur compartiment cu capete ciupercă, bețe din lemn și pene pe grinda superioară.

Pentru acoperirea ramelor recomand pânza de in sau un prosop care permite ramelor să respire.

Pene sau șipci triunghiulare

Ramele pentru construcția naturală de faguri au uneori pene, care se termină cu vârfuri ascuțite pe grinda superioară, pentru ca albinele să construiască centrat și să nu existe construcții haotice. Ca variantă de construcție, se pot folosi șipci triunghiulare simple din târg. Dacă dați pe muchia centrală cu ceară de albine lichidă, albinele se lipesc în locul potrivit. Unele rame, la partea superioară au o canelură. Acolo puteți lipi cu ceară fâșii subțiri de ceară tăiate din alți pereți intermediari, așa cum este în cazul lădiței pentru albine (www.bienenkiste.de).

Distanțiere și culoare între faguri

Între ramele atârnate paralel este necesară o distanță în așa fel încât albinele să poată trece neperturbate pe fiecare fagure. Distanțierele (capete ciupercă sau cleme în cruce) împiedică alunecarea ramelor una peste alta. Dacă culoarele dintre faguri sunt prea mari albinele construiesc poduri din ceară, iar ramele nu mai sunt mobile. Pentru fiecare ramă sunt suficiente câte două distanțiere în față, în stânga și în spate, în dreapta.

Spațiul albinelor

Între rame și peretele lăzii, precum și între caturi, trebuie să existe așa-numitul spațiu al albinei (bee space) de aproximativ 8 mm. Dacă distanțele sunt prea mari, albinele le acoperă cu ceară, dacă sunt prea mici le chituiesc cu propolis.

Echipament de bază pentru apicultorul începător

Ca apicultor, se pot investi în echipament câteva mii de euro, însă nu este nevoie! Aș începe cu un echipament simplu de apicultor, pe care îl cumpărați din magazinele de specialitate sau de pe internet.

Nu complicați lucrurile!
Fără utilizarea de „echipament greu" nu numai că economisiți bani, ci sunteți, după părerea mea, și „mai aproape de albine".

Dalta apicolă
Deoarece albinele chituiesc toate spațiile intermediare cu propolis, aveți nevoie de o daltă apicolă pentru a desprinde caturile sau pentru a scoate ramele individuale. De asemenea, podurile de ceară nedorite dintre rame sau caturi sunt îndepărtate ușor prin intermediul acesteia.
Costuri: 6 până la 8 Euro.

Afumător și combustibil
Uneori la familia de albine se lucrează mai ușor cu fum din afumătorul apicol obișnuit sau din afumătorul apicol tip pipă. Aici nu trebuie să faceți economie, ci trebuie să vă cumpărați un afumător mare

Desprindeți ușor ramele cu dalta apicolă.

De cele mai multe ori, sunt suficiente câteva apăsări scurte pe burduful afumătorului, iar albinele se retrag pe culoarele dintre faguri.

(25 până la 30 de Euro). Drept combustibil sunt potrivite cartoanele pentru ouă, pe cât posibil fără imprimeuri, rumeguș, lemn putred și paie netratate. Plantele uscate sau buruienile asigură un miros mai liniștitor.

Alarma de incendiu!

Fumul le sugerează albinelor focul. Acestea se retrag pe culoarele dintre faguri și se umplu cu miere. Dacă trebuie să fugă din cuib din cauza incendiului, au o rezervă de miere în gușă pentru situația de urgență.

Peria apicolă

Cu peria apicolă îndepărtați albinele la recoltarea mierii din faguri sau le împingeți în roiniță în perioada roitului. La o verificare obișnuită a familiei, albinele rămân pe faguri și sunt împinse mai sus prin intermediul fumului pentru ca dvs. să puteți, de exemplu să verificați puietul.

Costuri: 3 până la 6 Euro.

Nu le rostogoliți și nu le suflați!

Albinelor nu le place să fie rostogolite. Așadar trebuie îndepărtate cu grijă, dar scurt și rapid. Și nu le suflați niciodată – nu suporta acest lucru! Și mai bine: dacă fagurele este stabil în ramă, rama poate fi lovită rapid în jos pe spate vertical, iar albinele cad în ladă.

Pălărie și mănuși

Înțepăturile în regiunea capului sunt foarte neplăcute. Și chiar dacă albinele dvs. sunt extrem de prietenoase, se poate întâmpla ca una să rămână prinsă în păr și, intrând în panică, să înțepe. Cu pălăria de apicultor lucrați mult mai relaxat, ceea ce face bine și albinelor. Costuri: 15 Euro. Mănușile clasice de apicultor ajung până la coate și sunt de cele mai multe ori din piele. Costuri: 10 până la 15 Euro. Mie îmi place să lucrez fără mănuși deoarece în acest fel simt mai bine și prind mai bine obiectele cu mâna. În locul salopetei sau a jachetei de apicultor cu pantaloni sunt suficiente un pulover strâns pe corp, cu mâneci lungi și fix pe gât, și pantaloni lungi, pe care îl introduceți în șosete.

Alte accesorii

Pentru tratamentul împotriva Varroa (vezi pagina 110) aveți nevoie de acid oxalic sau acid formic, precum și de un vaporizator Nassenheider (în total aproximativ 25 de Euro). Pentru recoltarea mierii (vezi pagina 93), o cutie din plastic alimentară, una-

Cu peria apicolă se împing albinele de pe fagurele de miere căpăcit.

Cu îmbrăcăminte de protecție deschisă la culoare, apicultorul nu arată în niciun caz ca un urs negru sau brun, inamicii naturali ai albinelor.

două găleți pentru miere, o sită mare și o sită mică pentru miere și borcane pentru miere (aproximativ 35 de euro). Pentru prinderea roiurilor, mi-am cumpărat mai târziu un pulverizator cu apă, un sac cu tija telescopică și o roiniță simplă (vezi paginile 76 și 77).

Bine de știut
În unele landuri din Germania apicultorii începători primesc finanțare pentru echipamentul apicol. Întrebați la asociația de apicultori din landul dvs.

În sfârșit: sosesc albinele

Toate condițiile preliminare sunt îndeplinite, lada pregătită este la locul de amplasare și echipamentul de bază este cumpărat? Atunci nu vă mai lipsește decât cel mai important lucru: albinele. Puteți începe cu un roi de albine care a fost prins sau anticipat, un nucleu sau un roi artificial.

Noul meu roi

Melifera e. V. a pus pe picioare bursa de roiuri gratuită. Aceasta nu este o platformă online pentru persoanele singure, ci pentru roiuri de albine. Pe lângă cei care caută roiuri, sunt înregistrați aici și apicultori care oferă roiuri sau sunt pregătiți să prindă roiuri fără stăpân. Începătorii sunt tratați deosebit deoarece se dorește facilitarea intrării în apicultură. Cine este în legătură cu apicultorii din apropiere sau cu grupurile de apicultori regionale sau asociațiile de apicultori poate primi și pe această cale un roi.

Roiul natural

Roiurile naturale apar prin roire naturală a familiei de albine. Costă de obicei între 100 de Euro (pre-roi cu regină împerecheată) și 50 de Euro (roi ulterior cu regină tânără, neîmperecheată). Deoarece nu toate reginele tinere se întorc din zborul de împerechere, roiurile ulterioare sunt mai avantajoase, uneori chiar gratuite.

Familiile de albine tinere create artificial

Cele mai multe familii de albine oferite spre vânzare provin din roiuri artificiale sau nuclee (70 până la 120 de Euro). Spre deosebire de roiurile naturale și cele anticipate (vezi pagina 78), aceste familii tinere au fost create artificial de apicultor înainte ca albinele se intre în frigurile roitului. Avantaj: nu trebuie să așteptați până în perioada de roire. Dezavantaj: albinele nu sunt atât de vitale, nu au instinctul puternic de construire și energia debordantă ale unui roi natural.

Nucleul nu îl primiți doar cu roiul respectiv, ci împreună cu ramele și construcția de faguri. În anumite situații, fagurii vechi pot fi infestați cu agenți patogeni. În plus, dimensiunea ramelor trebuie să se potrivească cu lada dvs.

După urmarea unui curs de apicultură la o asociație de apicultură, primiți de cele mai multe ori un nucleu cadou. În cazul în care cumpărați o familie de albine pe baza unui enunț din publicațiile de specialitate, trebuie să insistați asupra avizului de sănătate aferent. Și nu cumpărați în niciun caz familii de albine din străinătate. Acest lucru favorizează răspândirea bolilor albinelor.

Acest roi s-a oprit pe un cireș mic.

Cu o perie, o cutie simplă și două ajutoare, este captiv din nou.

Pentru a crea un roi artificial, apicultorul mătură aproximativ 2 kg de albine dintr-o familie puternică, direct în cutiile de transport.

Roiul artificial și nucleul

Pentru un roi artificial se iau cel puțin 2 kg de albine dintr-o familie puternică și se completează cu o regină străină, dacă se poate împerechea. Pentru ca albinele să se obișnuiască cu mirosul reginei necunoscute, aceasta este introdusă mai întâi într-o cușcă. Aceasta este sigilată cu o turtă și este atârnată în roiniță. Încet-încet albinele se hrănesc cu turta și eliberează astfel noua regină.

La nucleele de puiet clasice apicultorul scoate ramele individuale dintr-o familie puternică și creează din acestea o familie nouă: de cele mai multe ori două până la patru rame cu puiet, împreună cu albinele așezate pe acestea, dar fără regină și doi până la patru faguri de miere. Fagurii cu puiet trebuie să aibă puiet căpăcit, ouă și larve tinere. Deoarece familia din nucleu se află într-o situație de criză fără regină, se va obține din puietul tânăr deschis o nouă regină (vezi pagina 117). Sau apicultorul introduce în familie, la fel ca la roiul artificial descris, o regină împerecheată.

Înregistrarea la oficiul veterinar

Orice apicultor trebuie să înregistreze familia de albine la oficiul veterinar competent. De cele mai multe ori nu este nimic spectaculos: pur și simplu sunați și precizați numărul de familii și locul de amplasare. (Uneori veterinarul oficiului trece pe acolo pentru a lua probe dintr-o coroniță de hrană). Apoi primiți un număr de înregistrare și aflați în viitor dacă o familie de albine din apropiere a avut loca (vezi pagina 112) și dacă s-au impus restricții.

Asigurați numărul de albine
Asigurarea nu este obligatorie! Dacă însă doriți acest lucru întrebați la asiguratorul de răspundere civilă dacă este inclusă și creșterea albinelor sau puteți să încheiați o asigurare suplimentară. Ca membru al unei asociații de apicultori, sunteți asigurat automat prin cotizațiile la asociație.

Cu albinele de-a lungul anului

Familia de albine se dezvoltă conform modificărilor anotimpurilor, care au amploare diferită în fiecare regiune. Ca apicultor dezvoltați un instinct și vă adaptați etapele de lucru la starea vremii, perioadele de înflorire și ritmul natural al propriilor albine.

» Ce este de făcut pas cu pas în decursul unui an pentru albine învățați în detaliu la un curs despre apicultură. Aici veți primi doar o primă mostră a ceea ce trebuie să aveți în vedere ca apicultori care practică apicultura naturală, holistică.

Mai/iunie: când albinele intră în frigurile roitului...

Familiile de albine melifere se înmulțesc în mai sau iunie prin roire. Ideal este să vă începeți noua pasiune cu un roi natural. În acest fel puteți să urmăriți dezvoltarea familiei de albine aproape de la naștere. Prima activitate ca apicultor este introducerea roiului.

Plantele melifere în mai/iunie

În lunile mai și iunie natura oferă mult nectar și polen: gura leului înflorește, încet-încet pomii fructiferi își deschid florile, iar câmpurile de rapiță se colorează în galben.

Din belșug – în natură și în familia de albine

Albinele folosesc acum oferta bogată de polen și nectar din natură: regina depune până la 2.000 de ouă zilnic, familia crește rapid. Există mult puiet căpăcit și o cantitate mare de albine tinere, care se pot recunoaște după „blana" groasă, netocită. Tot în această perioadă se înmulțesc și trântorii.

În stup este din ce în ce mai puțin spațiu și albinele intră în frigurile roitului. Albinele doresc să se înmulțească și cresc o regină nouă. Pentru a fi sigure, îngrijesc simultan mai multe botci (potirașe).

Roitul menține familia de albine sănătoasă

Ca să înțelegeți cum apare un roi natural, acest capitol începe cu trezirea instinctului de roire în

În luna mai familia crește rapid: pe lângă albinele culegătoare și trântorii gălăgioși, încep să zboare albinele tinere. Pentru început, acestea zboară în cercuri din ce în ce mai mari în fața urdinișului pentru a-l marca cu precizie ca fiind acasă.

Atras de mirosul feromonilor de incredere, roiul se adună incet-incet în jurul reginei.

familia mamă. Poate aveți noroc și vedeți cum se desprinde un roi sau cum este prins noul dvs. roi.

Dacă lăsați albinele se intre în frigurile roitului, observați că albinele sunt foarte vitale și pline de energie și se dezvoltă foarte bine. „Împiedicarea instinctului natural de roire este o intervenție împotriva naturii, care duce la consecințe grave", spune Tomas Seeley, cercetător în domeniul apiculturii. Roitul menține familia de albine sănătoasă deoarece agenții patogeni și acarienii de Varroa rămân în urmă.

> »
>
> „Nu veți uita niciodată formarea unui roi: în jur de 500 de albine țâșnesc din urdiniș pe minut, cerul se întunecă și este umplut de „pachete de energie" zburătoare. Aerul este proaspăt, cu un miros ușor de lămâie. Ca și cum ar fi atrase de un magnet, albinele se strâng sub forma unui ciorchine și formează noua unitate, care apoi se liniștește.

Pre-roiul

Atunci când vremea este bună şi cel mai devreme în ziua căpăcirii primelor botci – adică la 9 zile (!) după însămânţarea celulei (vezi pagina 14) se întâmplă: aproximativ jumătate din familie pleacă din stup cu regina bătrână. Acest pre-roi se strânge de cele mai multe ori în apropierea stupului, sub formă de ciorchine de roi închis în jurul reginei. Se formează o nouă familie.

Ciorchinele atârnă câteva ore, uneori câteva zile, până când iscoadele roiului anunţă că au găsit în apropiere un loc potrivit pentru cuib. În această perioadă de linişte, apicultorul poate prinde familia în proces de roire.

Dansul democratic

Dacă roiul nu este prins, în ciorchinele de roire are loc un proces decizional cu puternic caracter democratic. Câteva sute de iscoade caută împrejur locuri potrivite pentru un posibil cuib. Diversele locuri sunt anunţate de albinele care le-au găsit pe suprafaţa roiului prin dans. Dacă a fost găsit un loc deosebit de potrivit, dansează timp îndelungat stând drepte. Celelalte albine devin atente şi zboară, urmând informaţiile transmise prin dans, la locul posibilului cuib, ca să îl inspecteze. Dacă şi acestea se întorc dansând însufleţit şi sălbatic, din ce în ce mai multe albine le urmează exemplul. Dacă există două sau mai multe locuri atractive, se „votează" astfel până când se ia o decizie clară. Aceasta este democraţia albinelor aşa cum o descrie în detaliu Seeley în cartea sa.

Familia mamă şi roiul ulterior

Şi ce se întâmplă în vechea familie? În aşa-numita familie mamă, eclozează după alte cinci până la opt zile prima regină tânără. Într-o familie puternică se poate întâmpla ca aceasta să iasă din stup şi să creeze o nouă familie. Acest roi ulterior are loc la aproximativ o săptămână după pre-roi. Unele familii mamă roiesc de mai multe ori. Dacă apicultorul doreşte să împiedice formarea altor roiuri ulterioare, trebuie să distrugă botcile, cu excepţia unuia singure.

Reginele tinere sunt pregătite de împerechere după câteva zile şi pleacă în zborul de împerechere (vezi pagina 11). O regină împerecheată cu succes se întoarce în stup cu abdomenul plin, acolo unde uneori rămâne şi o parte din aparatul reproducător al ultimului trântor. După câteva zile, începe să depună ouă, iar apicultorul se bucură de primele inseminări ale celulelor.

Foşnete şi orăcăituri

O regină tânără, care abia a eclozat, scoate sunete ca nişte foşnete, prin care semnalizează reginelor tinere gata de eclozare că există deja o regină. Acestea îi răspund, dar sunetul din celulele închise este ca un orăcăit înfundat. Dacă foşnetul dispare deoarece regina tânără a zburat cu roiul următor, atunci următoarea regină tânără eclozează. Dacă familia este prea mică pentru a roi încă o dată, regina eclozată omoară celelalte regine tinere în celule.

Foșnetul unei regine tinere este generat prin vibrațiile musculaturii de zbor și poate fi auzit chiar și din afara stupului!

Ce faceți dvs. ca apicultor

Dacă doriți să începeți cu un roi natural, acești primi pași îi efectuați abia anul următor. În perioada de roire ar trebui să vizitați periodic albinele – nu este o perioadă bună pentru a merge în vacanță! Verificați dacă familia are suficient spațiu și dacă identificați potirașe preliminare sau chiar botci. Dacă stupul este foarte aglomerat și există o rezervă mare de hrană ar trebui să îl extindeți. Mai introduceți rame, respectiv așezați un alt cat.

Extindere, dar cum?

Ramele pentru puiet goale se introduc între cuibul pentru puiet și peretele lăzii. Ramele în care trebuie să se depoziteze mierea le introduceți de cealaltă parte a cuibului cu puiet (departe de urdiniș). Ca rame pentru miere puteți folosi și faguri naturali vechi, goi (dacă ați centrifugat mierea) sau rame cu perete intermediar.

Controlul roitului

La controlul împotriva roitului, verificați cel puțin o dată la nouă zile – cel mai bine săptămânal – dacă există botci însămânțate. Acestea sunt construite de albine de cele mai multe ori pe marginea inferioară a fagurelui. Preventiv, verificați întreaga suprafață a fagurelui pentru a nu trece cu vederea niciun potiraș. Dacă ați găsit o botcă, stabiliți ziua căpăcirii celulei pe baza stadiului în care se află puietul (nouă zile după însămânțare, vezi pagina 14) și aflați momentul în care se va declanșa roitul.

Trei, cinci, opt...

… și iese regina! **Trei** zile ou (mai întâi drept, apoi înclinat, apoi orizontal), **cinci** zile larvă rotundă care crește, iar după căpăcire alte **opt** zile până când din coconul căpăcit eclozează regina.

Atenție: frigurile roitului! În partea dreaptă a imaginii se vede prima dată doar un potiraș provizoriu, larva din botca din centru este încă hrănită, dar botca din stânga este deja căpăcită.

Potirașe provizorii

Înainte ca frigurile roitului să se declanșeze în adevăratul sens al cuvântului, familia construiește adesea așa-numitele potirașe provizorii. Ele sunt un fel de stadiu preliminar al botcilor și arată ca niște castroane micuțe, cu margini curbate spre interior. De cele mai multe ori, potirașele provizorii nu sunt folosite mai departe. Dar dacă marginile potirașului se alungesc din ce în ce mai mult, iar fundul celulei este finisat, acest lucru indică faptul că este pregătită pentru a fi însămânțată de către regină. Dacă în poteraș se găsește efectiv un ou, situația devine serioasă...

Prinderea unui roi

Sunteți cu ochii pe albine în perioada în care se apropie roitul, terenul este rezonabil, dvs. sau mentorul dvs. apicultor este echipat pentru prinderea roiului? Atunci sunt șanse bune să observați roiul ieșind din stup și să îl prindeți. Observați exact unde se oprește roiul. Dacă s-a format un ciorchine de roi, stropiți albinele cu un pulverizator cu apă. Acestea se îngrămădesc și mai tare unele într-altele și nu mai zboară la fel de repede.

Roinița

Puteți cumpăra o roiniță sau o puteți construi chiar dvs.(există mai multe variante de construcție, de exemplu, pe pagina de internet www.bienenkiste.de). Este important să fie bine ventilată, în caz contrar albinele „se înăbușe". Adică, devine prea cald în interior, iar albinele mor. Ideal, capacul trebuie să fie stabil și detașabil deoarece, dacă albinele formează un ciorchine închis pe capac, acestea pot fi puse cu ușurință în stup.

Dacă roiul este atârnat de o creangă. puteți să îl scuturați scurt și puternic într-o roiniță. Pe de altă parte, puteți să măturați albinele din partea cea mai mare a roiului în cutie. Așezați cutia în imediata apropiere, pe cât posibil la umbră. Odată ce regina este în interior, celelalte albine îi vor urma feromonii. Dacă toate albinele au fost prinse, țineți cutia cu urdinișul închis și grilajele de aerisire deschise pe ambele părți într-un loc liniștit și rece timp de 24 de ore. În timpul acestei perioade de „detenție", familia nou întemeiată se liniștește și se strânge.

Izbucnire pe neașteptate

Albinele dintr-un roi lasă totul în urmă – stupul protector, împreună cu construcția de faguri, puietul și hrana – și o iau de la capăt. Pentru aceasta trebuie să fie pline de energie. Cu puțin timp înainte de a zbura din stup albinele care roiesc se umplu cu miere. Apoi cu gușile pline de miere pot supraviețui în caz de nevoie câteva zile. De aceea, roiul natural nu trebuie hrănit în perioada de „detenție".

Cu puțin timp înainte de roire, lada devine de obicei cu aproximativ 2 kg mai ușoară. Albinele care roiesc, îmbuibate de miere, au o temperatură a corpului crescută de 35 °C. Ele au transformat deja o parte din combustibil direct în energie calorică.

Din sac, roiul se pune în roiniță care se închide rapid.

Roiurile care s-au așezat la înălțime pot fi prinse cu un sac pentru prinderea roiului, o scară și o tijă telescopică.

Dacă regina este în cutie, celelalte albine o urmează.

Anticiparea roiului

Dacă nu puteți lăsa albinele să roiască necontrolat, ar trebui să anticipați roiul. Deoarece acest tip de înmulțire a familiilor se bazează pe instinctul de roire, este foarte apropiat de înmulțirea naturală a albinelor. Familiile de albine se pot înmulți și prin nuclee sau roiuri artificiale (vezi paginile 66, 68 și 69). Totuși, în acest caz instinctul de roire natural este suprimat.

În cazul anticipării roiului, interveniți abia înainte de căpăcirea primei botci. Căutați și puneți regina într-o cușcă. Apoi împingeți sau măturați aproximativ 2 kg de albine, de pe două până la cinci rame cu puiet, în roiniță și, la final, dați drumul reginei acolo.

Roiul anticipat se strânge și se liniștește în timpul detenției de 1 până la 3 zile. Deoarece albinele nu și-au umplut stomacurile cu miere înainte de ieșirea din stup, cum se întâmplă la roiul natural, roiul anticipat trebuie hrănit (vezi pagina 82).

Introducerea unui roi în noul stup

De aici începe misiunea dvs. ca apicultor începător – cel mai bine alături de un mentor apicultor. La lăsarea serii, după perioada de detenție, mutați albinele în noua locuință: deschideți cu atenție capacul roiniței. Acolo atârnă majoritatea albinelor ca un ciorchine format în jurul reginei. Dacă pulverizați apă pe albine, le împiedicați să zboare. Cu o smucitură scurtă, puternică, scuturați ciorchinele pe o placă mare, albă sau pe un prosop alb, care duce înclinat în sus spre urdinișul întunecat. Restul albinelor din cutie se mătură. Imediat ce primele albine au descoperit orificiul întunecos se produce agitație în întreaga familie și încet-încet se strecoară toate prin urdiniș în interior.

Bine de știut
Roiurile anticipate, precum și nucleele și roiurile artificiale ar trebui așezate în afara razei de zbor (3 km) a familiei mamă. Pe de altă parte, un roi natural se poate așeza direct lângă familia mamă.

Există diverse instrumente pe care le puteți folosi pentru a prinde regina.

Pentru un roi de aproximativ 2 kg atârnați deja 5-6 rame în lada cu un singur compartiment. Cu două separatoare se potrivește corespunzător spațiul din interior, de o parte și de alta a ramelor.

Puteți trânti ciorchinele de roi de pe capacul roiniței pe placa de culoare deschisă, celelalte albine se mătură din cutie.

Dacă albinele dvs. au descoperit intrarea, se târăsc încet-încet în interior.

Hrănirea este permisă
Impulsul de construire a unui roi natural sau anticipat este deosebit de puternic. În special în cazul unei situații nesigure referitoare la resursele de plante melifere, este bine să hrăniți roiul instalat din a doua zi (vezi pagina 82). Dați-le de mai multe ori porții mici de hrană lichidă, de exemplu 3 l de trei ori. Cu un influx constant de hrană, familia poate să își concentreze întreaga energie la construire și crește rapid.

Verificare periodică a construcției
Uitați-vă, în ziua următoare, unde s-au adunat albinele în ladă. Dacă folosiți o ladă cu spațiu mare, cu rame și una sau două separatoare, nu trebuie să se găsească albine în spațiul din afara separatoarelor. Aveți grijă ca fagurele să fie construit centrat în ramă și să nu apară construcții sălbatice.

Introduceți alte rame abia după ce majoritatea ramelor au fost deja construite aproape complet. Dar atenție! Uneori se poate petrece foarte repede. Extindeți înainte ca familia să devină prea mare și să aibă prea puțin spațiu, moment în care intră din nou în frigurile roitului.

Dacă și unde s-a construit exact în familia de albine puteți observa și pe baza fundului detașabil. În gunoi cade direct sub ramele construite o cantitate mare de plăcuțe de ceară fragile.

Verificarea puietului și a hranei
O verificare a puietului vă indică dacă tânăra familie de albine are regină. La 2-3 săptămâni de la mutarea unui pre-roi ar trebui să vedeți puiet de albină lucrătoare căpăcit (vezi pagina 15), care indică faptul că vechea regină depune ouă fertilizate. Dacă ați început cu un roi ulterior trebuie să existe după această perioadă ouă și larve, în caz contrar tânăra regină nu s-a împerecheat cu succes în timpul zborului de împerechere (vezi pagina 11).

Pe lângă puiet, verificați și rezerva de hrană. În mai/iunie vremea este foarte schimbătoare în unele locuri. Dacă există perioade reci sau perioade lungi ploioase este posibil ca albinele să nu culeagă suficientă hrană și trebuie eventual hrănite.

Dacă nu verificați construcția, pot apărea construcții sălbatice. Aici albinele nu au construit în ramă, ci pe separator.

Hrănirea albinelor

Hrana naturală a albinelor este mierea. De aceea, este bine să folosiți fie miere lichidă, diluată cu apă, fie apă cu zahăr și miere. Apa doar cu zahăr, fără miere, este o hrană foarte săracă.

Atenție!
Nu hrăniți niciodată albinele cu **miere străină sau de la supermarket** deoarece aceasta este adesea infestată cu spori de locă!

Combinația perfectă

Pentru hrană, amestecați trei părți de zahăr alimentar alb cu două părți de apă căldută, dar nu fierbinte. Adăugați aproximativ 10 % miere, un vârf de sare și puțin ceai de mușețel. Foarte important: nu folosiți zahăr brun deoarece provoacă diaree albinelor. Hrăniți-le mai bine cu porții mici, în loc să le dați totul deodată.

Recipientul cu hrană

Hrana poate fi pusă pur și simplu într-o găleată cu paie sau jumătăți de dopuri de plută în spatele separatorului din ladă sau într-un cat gol. Ramurile sau crengile subțiri care duc de la peretele lăzii la găleată ajută albinele să se cațere. Aveți grijă ca pereții recipientului să nu fie prea netezi, iar albinele să alunece și să se înece în hrană. De asemenea, puteți să cumpărați un cat de hrănire sau un compartiment pentru hrană potrivit lăzii dvs.

Atenție hoți!

În cazul hrănirii trebuie să evitați furtișagul. De aceea, găleata cu hrană trebuia așezată în ladă. Ștergeți rapid eventualele scurgeri de hrană. În plus, puteți să micșorați urdinișul în perioada hrănirii.

Nu vărsați hrana! În caz contrar, vor fi atrase imediat albine din alte familii și se poate ajunge la furtișag.

Vara: pregătire pentru iarnă

Chiar la temperaturile ridicate de vară, familia de albine se pregătește pentru iarnă. Sunt mărite rezervele de miere, de la sfârșitul lunii iulie eclozează albinele de iarnă longevive, iar la izgonirea trântorilor de la sfârșitul verii, locuitorii masculi din stup nu mai primesc hrană și nu mai sunt primiți înăuntru.

Plante melifere vara

În unele locuri, există din abundență *plante melifere vara: castanii, salcâmii și teii își deschid încet-încet florile. Tot așa și zmeurul și murul sunt surse bune de nectar și polen.*

Bărbile de albine

În zilele toride de vară să nu fiți surprinși dacă, deodată, albinele ies masiv din ladă și se strâng afară. Atârnă adesea, de exemplu de placa pentru zbor, ca să nu genereze căldură inutilă pe culoarele dintre faguri.

Extindere și unitate

Dacă oferta de plante melifere este bună, familia tânără crește vara, devenind o familie care poate supraviețui pe timpul iernii. Se află la mijlocul fazei de dezvoltare și construiește asiduu la faguri. Apar „odăile pentru copii",

Când este deosebit de cald, albinele se adună în afara stupului sub formă de bărbi.

din care eclozează și mai multă forță de muncă, și camere de depozitare care trebuie umplute cu o rezervă suficientă până toamna. Lucrurile stau diferit în familia mamă. Acolo cuibul pentru puiet a avut cea mai mare extindere până la începutul/mijlocul lunii iunie cu aproximativ 2 000 de albine tinere eclozate pe zi. Totuși, odată cu solstițiul de vară, pe 21 iunie sau în jurul datei de 24 iunie, de Sânziene, se produce schimbarea. Odată ce zilele devin mai scurte, regina depune mai puține ouă, cuibul pentru puiet devine mai mic și se depozitează din ce în ce mai multă miere.

Bine de știut
Până de Sânziene familia de albine crește și se extinde, apoi începe faza unificării.

Cum este transformat nectarul în miere

Prelucrarea mierii se face acum la înălțime. Deja din gușă, unde albina culegătoare transportă nectarul la stup, seva dulce a florilor este îmbunătățită cu enzime și transformată în miere. Odată ajunsă în stup, albina culegătoare regurgitează conținutul gușii și îl predă albinelor lucrătoare.

Această miere nu este încă maturată, iar acum este dată de la o albină la alta pentru a fi îmbogățită. De fiecare dată este

Mierea nematurată este îmbogățită de la o albină la alta pentru a o matura.

înghițită, amestecată cu enzime, îngroșată și apoi regurgitată din nou până când ajunge la gradul de maturare potrivit. Maturarea se observă atunci când conținutul de apă este mai mic de 80 % și mierea este suficient de vâscoasă. Pentru a usca mierea, albinele lucrătoare se strâng în șiruri lungi de ventilație și împing aerul umed, căldut, din interiorul stupului în exterior. Apoi, albinele depozitează mierea maturată în celule de depozitare, pe care le închid cu căpăcelele de ceară prin care circulă aerul.

Ce faceți dvs. ca apicultor

Vara se apropie vremea recoltei de miere, a tratamentului împotriva Varroa (vezi pagina 110) și, eventual, a hrănirii cu apă și zahăr. La apicultorii începători, primul an este totuși puțin diferit. Indiferent dacă ați folosit un nucleu, un roi anticipat sau un roi natural, la familiile tinere de albine puteți recolta mierea abia în anul următor. Cu toate acestea, chiar și familiile tinere trebuie tratate împotriva acarienilor de Varroa. Cum verificați infestarea cu Varroa și cum efectuați tratamentul împotriva acesteia aflați începând cu pagina 107.

Verificarea construcției și a puietului

Observați în continuare comportamentul de construire al familiei de albine și extindeți stupul, dacă este nevoie. Ce puteți observa pe fagurii pentru puiet? Dacă există un cuib pentru puiet pe suprafață mare, cu puiet în toate stadiile, atunci roiul s-a dezvoltat bine.

Deoarece perioada de roire se poate extinde uneori până la mijlocul lunii iunie sau până în august, trebuie să controlați în continuare roirea și eventual să distrugeți botcile. Totuși, doar atunci când sunt celule de roire și nu celule de refacere vezi pagina 117!

Lipsa plantelor melifere și controlul hranei

În special în zonele rurale se poate întâmpla ca vara sa existe un deficit de plante melifere când trec florile monoculturilor. Observați dacă mai există suficientă hrană pentru zburătoarele harnice. Și verile toride pot fi o problemă pentru albine deoarece atunci plantele înflorite nu „produc" miere, adică nu oferă suficient nectar. Dacă nu sunteți siguri, verificați cel mai bine rezerva de hrană din familie și, dacă e cazul, hrăniți-le suplimentar (vezi pagina 82).

Adăpătoare

La temperaturi ridicate, albinele au nevoie de multă apă și pentru răcirea stupului. Apele stătătoare sau iazurile din grădină cu zone de mal acoperite cu iarbă sunt preferatele albinelor. Construiți preventiv o adăpătoare, mai ales dacă nu sunteți siguri dacă albinele găsesc suficientă apă în împrejurimi.

Pentru ca albinele să nu se înece, puneți-le la dispoziție, de exemplu, turbă umedă, bolovani sau o piatră plată ca loc de aterizare. Găsiți pe internet numeroase alte sugestii. Cel mai bine este să testați pur și simplu ce acceptă albinele.

Inspirați adânc!

Din când în când bucurați-vă lângă urdiniș de aerul de stup cu miros de miere dulce, ceară și propolis, care este ventilat de albine afară din stup. Așa asigură albinele circulația aerului pentru a îngroșa mierea sau pentru a evapora apa ca să răcească stupul.

Pentru a împiedica o altă roire, distrugeți botcile.

Am ajuns și aici: recoltarea mierii

În prima vară, familia tânără de albine este încă în construcție și are nevoie de rezervele de miere. Poate mentorul dvs. apicultor vă invită în acest an la recoltarea mierii din familia sa de albine. Dacă albinele au trecut cu bine peste prima iarnă, atunci în vara următoare puteți recolta prima dvs. miere din producție proprie.

Momentul potrivit

Un moment potrivit pentru recoltă este sfârșitul lunii iulie, începutul lunii august, astfel aveți suficient timp și pentru tratamentul împotriva Varroa (vezi pagina 110). Deoarece mierea este depozitată întotdeauna departe de urdiniș, recoltați la lăzile cu magazie anexă cu miere, iar la lăzile cu spațiu interior mare, fagurii de miere cei mai depărtați de urdiniș.

Bine de știut

Cel mai bine recoltați mierea dimineața devreme. Ceara este mai stabilă când nu este cald încă. În plus, nu zboară atât de multe albine, care își protejează rezerva de miere.

Celulele cu miere maturată sunt căpăcite încet-încet de albine.

Stabiliți exact concentrația de apă din miere prin intermediul unui refractometru.

Verificarea maturării mierii

Mierea nematurată nu poate fi păstrată și, cu trecerea timpului, începe să se strice. Ar trebui să mai fie lăsată în faguri. Mierea este maturată și poate fi recoltată atunci când conținutul de apă este mai mic de 18 %. Mierea maturată se află în celulele de miere căpăcite și se recoltează doar fagurii de miere care sunt cel puțin două treimi căpăciți și fără puiet.

Verificare prin stropire sau întoarcere

Puteți verifica prin întoarcere sau stropire dacă mierea din celulele încă deschise va fi acoperită cu căpăcele în scurt timp și este deja maturată. Țineți fagurele de miere orizontal și loviți cu putere în jos. Dacă nu stropește, mierea poate fi recoltată.

Furtul de miere nedorit

Deoarece prin recoltarea mierii lipsiți familia de rezerve importante pentru supraviețuire, albinele nu se vor bucura. Purtați pentru orice eventualitate îmbrăcăminte de protecție! În plus, aveți nevoie de o cutie alimentară care poate fi închisă astfel încât albinele să nu poată intra. Pentru ca albinele să se retragă, puteți folosi la început puțin fum. Dar nu prea mult deoarece în caz contrar, mierea dvs. prinde gust de fum.

Acum trageți fagurii de miere rând pe rând și măturați albinele așezate pe aceștia cu peria apicolă înapoi în ladă. Depozitați fagurii imediat în cutia în care nu pot intra albinele și spălați imediat mierea scursă. În caz contrar, poate atrage albine sau viespi și se ajunge rapid la furtișag.

Izgonitoare

În cazul unei lăzi cu magazie, puteți așeza cu aproximativ 24 de ore înainte de recoltarea mierii, o izgonitoare de albine între spațiul pentru miere și spațiul pentru puiet. Aceasta funcționează ca o stradă cu sens unic. Din spațiul cu miere albinele pot foarte ușor să se târască prin izgonitoare în spațiul pentru puiet aflat dedesubt. Dar în celălalt sens le blochează culoare subțiri în așa fel încât încet-încet nici o albină nu mai rămâne în spațiul pentru miere. Celelalte albinele se mătură cu peria apicolă.

Cât de multă miere pot să iau?

Mierea nu este sănătoasă și valoroasă doar pentru noi oamenii, ci în primul rând pentru albine. Este hrana lor naturală. De aceea, eu las albinele să ierneze cu propria lor miere și iau surplusul în vara următoare. În final, este decizia dvs. câtă miere recoltați. O familie puternică de albine are nevoie de aproximativ 15 cel mult 20 de kg de miere iarna.

În funcție de ladă și de capacitatea anexelor pentru miere sau a ramelor, puteți estima pe baza recoltei din timpul verii cât de mare este rezerva rămasă în familie. Întrebați-vă mentorul apicultor. Poate acesta are un cântar pentru a cântări rezervele rămase.

Suplimentarea hranei

Dacă ați luat mai mult decât surplusul de miere, schimbarea condițiilor meteo limitează colectarea de nectar sau nu mai există o ofertă bogată de plante melifere, hrăniți albinele cu apă cu zahăr (vezi pagina 82). Deoarece albinele pregătesc rezerva nouă pentru iarnă din aceasta, ar trebui ca hrănirea să se încheie la mijlocul lunii septembrie.

Cu peria apicolă, măturați albinele așezate pe fagurii de miere. Un fagure de miere umplut pe ambele părți (dimensiune conform standardului german) cântărește aproximativ 5 kg.

Fagurii de miere se mărunțesc cât mai fin posibil până când se obține un amestec din ceară și miere.

Mai întâi separați mierea de ceară prin intermediul unei site mari pentru miere și apoi strecurați-o printr-un săculeț fin, dacă doriți.

Obținerea mierii pe cale ușoară

Dacă nu aveți multe familii, nu sunt neapărat necesare alte accesorii, precum o centrifugă pentru miere, un banc de descăpăcit și altele. Mierea se poate recolta și prin intermediul unor instrumente simple. În acest caz, nu obțineți miere centrifugată, ci miere deosebit de aromată strecurată, respectiv presată (vezi pagina 27). Mierea dvs. se află în faguri naturali deschiși la culoare, fără puiet? Super! De acolo trebuie neapărat să tăiați câteva bucățele. Aceasta este nobila miere în fagure (vezi pagina 27).

Bine de știut
În unele celule a fost puiet înainte ca albinele să depoziteze acolo miere. Larvele de albine năpârlesc de mai multe ori. Deoarece aceste pielițe rămân, împreună cu fecalele larvelor, în celule, fagurii de culoare închisă în care a stat puietul nu sunt potriviți pentru mierea presată și mierea în fagure.

Iată de ce aveți nevoie pentru recoltarea mierii:
- una sau două găleți pentru miere
- o oală mare
- o strecurătoare mare
- o sită pentru miere din nailon, de uz alimentar, cu ochiuri mari (sau o plasă împotriva insectelor potrivită)
- un săculeț de strecurare a mierii, din nailon de uz alimentar, cu ochiuri mici (de ex. săculeț de strecurare conform maestrului apicultor Schundau)
- folie pentru menținerea prospețimii
- spatulă (pentru curățarea recipientului cu miere)
- eventual presă pentru cartofi sau fructe
- 30-40 de borcane pentru miere (a câte 500 g)

Descăpăcirea și mărunțirea celulelor cu miere

Pentru recoltarea mierii aveți nevoie de un spațiu închis în care să nu intre albinele și viespile (!), curat și fără miros. Tăiați fagurii de miere cu un cuțit din rame sau din grinzile superioare. Dacă există locuri cu puiet, decupați zona respectivă. Colectați fagurii de miere într-o găleată sau oală mare.

Pentru ca mierea să se poată scurge ușor din celule, trebuie să desfaceți toate celulele căpăcită sau să le mărunțiți. Cel mai bine este să răzuiți cu o lingură celulele de miere de o parte și de alta până la peretele intermediar. Pâinea albinelor, deci polenul depozitat, care se poate găsi în unele celule, amestecați-l pur și simplu!

Separarea mierii de ceară

Lăsați amestecul de miere și ceară mărunțită să se scurgă prin plasa de nailon cu ochiuri mari – primul filtru – într-un vas de colectare. Pentru aceasta așezați plasa într-o strecurătoare cu ochiuri mari sau atârnați-o undeva în așa fel încât mierea să se poată scurge bine. După câteva ore, mierea s-a scurs.

Bine de știut
Cu o presă pentru cartofi sau fructe puteți presa mierea rămasă în bucățelele de ceară. Ca alternativă, puteți folosi două plăci și o menghină cu șurub sub forma unei prese artizanale.

Dacă nu vă deranjează micile firimituri de ceară în miere, puteți umple borcanele cu miere filtrată grosier. Sau filtrați a doua oară prin săculețul de filtrare, pentru miere fină. Această miere filtrată de două ori stă două-trei zile până când se formează un strat de spumă. Acest strat poate fi îndepărtat cu o bucată de folie. Așezați folia cu grijă pe suprafața mierii și trageți-o cu atenție. Instrucțiuni asemănătoare pentru recoltarea mierii puteți găsi pe pagina de internet www.bienenkiste.de.

Deoarece mierea dvs. se va cristaliza mai devreme sau mai târziu, nu puteți aștepta prea mult până la umplerea borcanelor. Preferați mai degrabă mierea cremoasă? Atunci trebuie să o amestecați timp de aproximativ o săptămână (vezi pagina 32) înainte de a o pune în borcane.

... și apoi în borcan

Mierea nu doar că se umezește rapid, ci prinde și mirosuri străine. Așadar, nu folosiți niciodată borcane de murături. Spălați borcanele înainte de umplere și uscați-le. Pentru miere în fagure, așezați o bucățică de fagure de miere natural în borcan și umpleți-l cu miere filtrată. Cu o etichetă unică, creată chiar de dvs. puteți sublinia faptul că mierea este cu totul deosebită. Dacă doriți să vindeți mierea, trebuie totuși să respectați câteva reguli referitoare la informațiile de pe etichetă.

Eticheta perfectă

Teoretic mierea poate fi păstrată nelimitat. Cu toate acestea, pe o etichetă corectă este precizată data de valabilitate minimă. În general, se specifică o dată de valabilitate de 2 ani. De asemenea, trebuie să scrieți „miere" (sau „miere florală" sau „miere de amestec"...), țara de proveniență, informații corecte referitoare la cantitate, un simbol și numele dvs. împreună cu semnătura.

Recoltarea cerii

Din bucățelele de ceară presate, puteți obține o ceară de albine pură. Încălziți ceara cu apă într-o oală veche. Ceara se topește foarte rapid și se separă de resturi prin intermediul unei site sau a filtrului cu plasă de nailon.

Lăsați oala să se răcească încet. Pe suprafața apei se depune un bloc de ceară de albine, galbenă ca mierea, cu un miros extraordinar. Cu aceasta puteți stropi pereții intermediari. Sau puteți produce lumânări și să aduceți în casă, în zilele negre, mirosul dulce ca de miere al ultimei veri!

Curățarea mierii cu o folie pentru păstrarea prospețimii.

Recolta de vară a însumat aproximativ 30 de borcane de miere…

…iar mierea din cele 30 de borcane din recolta de vară a fost extrasă din aproximativ 300 g de ceară de albine.

Toamna: ultimele plante melifere și ultimul puiet

Familia de albine devine din ce în ce mai mică. Ultimele albine culegătoare mor și mai există doar puțin puiet. Zilele devin mai reci și mai scurte, iar zborul albinelor scade semnificativ. Acum albinele își pregătesc stupul pentru iarnă prin etanșarea acestuia cu propolis împotriva curentului, aerului rece și a umezelii.

Plante melifere toamna

Florile de muștar, iederă, splinuță și facelia oferă acum destul de mult polen, care este cules ca sursă importantă de albumină pentru albinele de iarnă, precum și pentru primul puiet din următoarea primăvară. În plus, înfloresc și brândușa de toamnă, dalia și hrișca urcătoare.

Toamna nu mai există atât de multe flori, iar albinele zboară la ultimele plante melifere, de exemplu splinuța.

Albinele de iarnă longevive au nevoie acum de mult polen pentru a putea depune grăsimea pentru iarnă.

Defensive, dar nu dornice să înțepe

În acest anotimp albinele sunt mai agresive și trebuie să îndepărteze din ce în ce mai des hoții. Totuși, nici albinele, nici viespile nu sunt, prin natura lor, dornice să înțepe. Ele înțeapă numai atunci când se simt amenințate și când facem mișcări de apărare continue și imprevizibile pentru ele. Prin urmare, comportați-vă liniștit și veți observa rapid cât de prietenoase sunt albinele dvs.

Înțepături de albină, ce e de făcut?

Când o albină înțeapă, se emană un miros, iar locuitoarele din stup sunt avertizate. În cazul unei înțepături, cel mai bine este să vă îndepărtați de stup, înainte de a veni alte apărătoare. Îndepărtați imediat acul. Dar nu apăsați deoarece în caz contrar întregul sac cu venin se golește în rană. Împingeți în afară acul cu atenție, cu unghia de la degetul mare, și tratați locul cât de repede posibil cu o ceapă tăiată sau cu unguente, precum Fenistil. Durerea se ameliorează la rece.

Ce faceți dvs. ca apicultor

Este stabilă lada? Poate ar fi bine să asigurați încă o dată stupul cu curele împotriva furtunilor de toamnă. Verificați cel mai bine alături de mentorul dvs. apicultor dacă familia de albine are suficiente rezerve de miere. Dacă trebuie să le mai hrăniți încă o dată, introduceți surplusul de faguri de miere dintr-o altă familie. De la mijlocul lunii septembrie nu se mai hrănește cu apă și zahăr. Adaptați spațiul din interiorul lăzii la efectivul familiei, scoțând ramele sau caturile în plus.

> *Nu am fost niciodată deosebit de norocoasă, dacă sunt înțepată mă umflu foarte tare. Dar atât timp cât albinele mele știu să se protejeze, sunt și eu liniștită.*

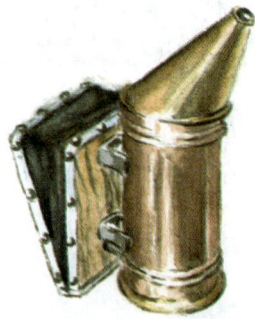

Atenție la furtișag

În special la sfârșitul verii și toamna se poate ajunge la furtișag și familiile de albine slabe să fie prădate de viespi sau de familii de albine mai puternice. Micșorați urdinișul în așa fel încât albinele santinelă să poată păzi mai bine intrarea.

Dar cum se poate recunoaște furtișagul? Dacă observați dintr-odată un trafic foarte aglomerat de zbor la familia de albine, probabil că albine străine au venit să fure. Restrângeți și mai mult urdinișul în așa fel încât să rămână spațiu doar pentru o singură albină care se strecoară. La nevoie trebuie să așezați lada temporar într-un alt loc.

Aici urdinișul a fost micșorat cu bandă adezivă, pentru a proteja familia de albinele care ar putea veni să fure.

Stocul de miere nu atrage doar insecte, ci și șoarecii sunt foarte atrași de stup. Dacă de la începutul lunii octombrie se face frig, iar albinele nu prea mai zboară, ar trebui să deschideți din nou complet urdinișul pentru o mai bună circulație a aerului și să îl asigurați cu un grilaj din sârmă împotriva șoarecilor. Protecția împotriva șoarecilor se montează în fața urdinișului. Ca alternativă, se poate folosi și un grilaj din sârmă cu diametrul ochiului de 6,5 mm.

Șoareci mumificați

Oare egiptenii antici au preluat acest truc de la albine? Un șoarece care a intrat în stup a fost omorât de albine, când acestea nu se prinseseră încă în ciorchinele de iarnă. Albinele nu au mai putut să scoată șoarecele din stup, așa că au mumificat corpul acestuia cu propolis și ceară pentru a împiedica transmiterea și răspândirea agenților patogeni.

Iarna: retragerea în ciorchinele de iarnă

Atunci când temperaturile coboară sub nivelul înghețului, regina încetează să mai depună ouă și, în funcție de familie și vreme, pot urma 1-2 luni fără puiet. În această perioadă albinele stau aproape unele de celelalte și se plimbă lent pe rezervele de miere. Așa consumă din energia verii pentru a le ține de cald iarna.

Căldură comodă

„Îmbuibate" cu miere, albinele lucrătoare generează căldură în interiorul ciorchinelui (ghemului) de iarnă prin intermediul musculaturii de zbor. Chiar și la temperaturi exterioare deosebit de scăzute, în interiorul ciorchinelui de iarnă sunt în jur de 20 °C. Dacă se îngrijește puiet, albinele încălzesc zona cu puiet chiar până la 35 °C. Albinele din exterior care stau lipite una de cealaltă protejează ciorchinele împotriva frigului. Acestea schimbă periodic poziția cu albinele din interior.

Ce faceți dvs. ca apicultor

În acest moment albinele au nevoie în special de liniște. În niciun caz lada nu trebuie deschisă mai mult decât este neapărat necesar. Altfel, se pierde prea multă căldură. Verificați din când în când urdinișul și dacă este nevoie, îndepărtați zăpada, gheața și albinele moarte. Firimiturile de ceară de pe fundul stupului provin de la căpăcelele roase ale celulelor în care sunt depozitate rezervele de miere. Așa puteți identifica dimensiunea și poziția ciorchinelui de iarnă după gunoi.

La aproximativ trei săptămâni după primul îngheț este momentul pentru tratamentul de iarnă cu acid oxalic (vezi pagina 111), deoarece atunci este momentul în care familia nu are puiet – de cele mai multe ori între mijlocul lunii noiembrie și sfârșitul lunii decembrie.

De cele mai multe ori ciorchinele stă pe 4-6 faguri. Acest ciorchine de iarnă s-a întins pe șapte faguri. Iarna, lada trebuie deschisă doar foarte rapid, dacă este neapărat nevoie.

Schimbare în dezvoltare în preajma Solstițiului de iarnă

În zilele din preajma Solstițiului de iarnă, de pe 21 decembrie, are loc în familia de albine o nouă schimbare a dezvoltării. Faza unificării (vezi pagina 85) se încheie și familia se desparte lent. Se poate întâmpla ca regina să depună deja ouă, de îndată ce zilele devin mai lungi. De aceea, nu ar trebui să amânați prea mult tratamentul cu acid oxalic!

Primăvara: natura și familia de albine se trezesc la viață

În primele zile calde, albinele zboară din stup pentru a-și goli intestinele de fecale. La curățenia de primăvară, gunoiul rezultat în timpul iernii este scos din stup. Regina depune din ce în ce mai multe ouă, albinele lucrătoare adună polen și apă pentru puiet și încălzesc cuibul la 35 ^{0}C. Crește necesarul de miere al familiei. Eclozează primele albine de vară și mor albinele de iarnă.

Albinele încălzitoare intră cu capul în față în celulele goale și cu ajutorul musculaturii de zbor încălzesc cuibul pentru puiet la 35 ^{0}C. Încălzesc aproximativ o jumătate de oră până când obosesc și sunt „alimentate" din nou cu miere de către alte albine lucrătoare.

Plante melifere primăvara

Alunul și salcia sunt cele mai importante surse de polen de la începutul anului. Dintre plantele melifere primăvăratice fac parte și ghioceii, anemonele de iarnă, brândușele și cornul. O adevărată trezire la viață a naturii: așezați-vă măcar o dată sub o salcie înflorită și ascultați zumzetul!

Fără rufe albe!

Informați-vă vecinii că în primele zile calde din an este mai bine să nu pună la uscat rufe albe afară. Deoarece albinele sănătoase nu defechează niciodată în stupul întunecos, ele aleg mai degrabă o suprafață deschisă la culoare pentru zborurile de curățire de primăvara...

Ce faceți dvs. ca apicultor

Atâta timp cât este frig nu ar trebui să deschideți lada pentru a nu se pierde prea multă căldură. În primele zile calde puteți face prima verificare a familiei de albine. Trebuie să adaptați spațiul din ladă la dimensiunile familiei și să verificați – cel mai bine împreună cu mentorul apicultor – rezervele de hrană. Dacă trebuie să hrăniți albinele, acest lucru se face iarna doar cu miere proprie sau cu faguri de hrană din alte familii puternice.

Verificați dacă există puiet în toate stadiile – ouă, larve, celule căpăcite. Acest lucru indică faptul că regina a trecut cu bine peste iarnă. Pe de altă parte, dacă există doar celule cu puiet de trântor, bombate (vezi pagina 15), probabil regina nu a supraviețuit iar albinele lucrătoare au devenit mame de trântori (vezi pagina 117).

>> *De când am albine, trezirea la viață a naturii primăvara este pentru mine și mai extraordinară. Primele zboruri de orientare și de curățire ale albinelor, albinele culegătoare încărcate cu polen...... pur și simplu asta înseamnă fericirea!*

Protejarea și îngrijirea sănătății

Deloc îmbucurător, dar din păcate inevitabil. Pentru ca albinelor dvs. să le meargă bine, trebuie să cunoașteți cele mai importante boli ale albinelor, să dezvoltați un instinct pentru identificarea situațiilor de urgență și să știți cum puteți trata cu succes familia de albine împotriva acarienilor de Varroa.

» Familiile de albine sănătoase și pline de viață îl fac pe orice apicultor fericit. De aceea, este important pentru mine să stresez cât mai puțin posibil albinele și să le verific periodic. Așa pot observa dacă efectul negativ al Varroa este prea puternic, dacă albinele suferă de foame, dacă li s-au furat rezervele de hrană sau dacă au rămas fără regină.

Varrooza

Cea mai temută boală a albinelor este Varrooza – declanşată printr-o infestare puternică a familiei de albine cu acarianul *Varroa destructor*. Acarianul transmite, printre altele, viruşi periculoşi pentru albine. Familiile care nu sunt tratate împotriva acarienilor, care transmit şi viruşi periculoşi, mor de cele mai multe ori mai devreme sau mai târziu.

Un dăunător răspândit

Varroa destructor, de aproximativ 1,5 mm, trăieşte ca parazit în familiile de albine şi s-a răspândit iniţial din Asia. Comerţul la nivel mondial cu familii de albine şi regine a făcut ca în prezent familiile de albine din întreaga lume să fie infestate – cu excepţia celor din Australia. Acarianul de Varroa a fost descoperit pentru prima dată în Europa în anii 60-70. În timp ce albina meliferă asiatică s-a adaptat de-a lungul evoluţiei la paraziţi, albina meliferă europeană este afectată de apariţia bruscă a acarienilor.

Sugător de sânge periculos

Acarianul se hrăneşte cu fluidele din corpul albinelor şi din larvele de albine. Albinele infestate sunt neproductive şi trăiesc mai puţin. În plus, prin muşcături se pot transmite viruşi periculoşi de la acarieni. De exemplu, virusul care deformează aripile (Deformed Wing Virus: DWV) face ca albinele tinere să eclozeze cu aripi mutilate.

Acarienii de Varroa pe puietul de trântor.

Preferă trântorii

Acarienii de Varroa se înmulţesc şi se dezvoltă în celulele cu puiet căpăcit. Deoarece trântorii au cea mai lungă perioadă de dezvoltare (vezi pagina 20), acarienii preferă celulele cu puiet de trântor. La sfârşitul verii puietul de trântor eclozează. De aceea, în această perioadă infestarea cu acarieni în familie poate fi foarte puternică şi trebuie eventual să efectuaţi tratamentul de vară cu acid formic.

Ca măsuri suplimentare de combatere a Varroa, mulți apicultori taie celulele cu puiet de trântor.

Menținerea sub control a acarienilor de Varroa

Până în prezent albinele melifere nu au dezvoltat nicio strategie pentru combaterea acarienilor. De zeci de ani apicultorii și cercetătorii caută metode de tratament care să protejeze albinele, însă fără un succes extraordinar. Astfel că apicultorul trebuie să aibă întotdeauna grijă la infestarea cu acarieni a familiilor de albine și să intervină, dacă este cazul.

Controlul infestării

Înainte de a efectua tratamentul împotriva Varroa ar trebui să verificați infestarea cu acarieni din familie. Nu tratați pur și simplu profilactic deoarece fiecare tratament supune albinele la stres. Cel mai bine este ca la început să cereți sfatul mentorului dvs. apicultor.

Se identifică ușor în gunoi: acarianul de Varroa, polen și plăcuțe de ceară eliminate de albine.

Citiți în gunoi

Pe fundul detașabil al stupului verificați tot anul dacă în gunoi există căpăcele roase de la celule de miere și celulele cu puiet, plăcuțe de ceară pierdute și panerașe de polen. Uneori, cad chiar și ouă, albine moarte și acarieni de Varroa morți prin grilajul de la fundul stupului! Aceștia vă indică infestarea cu Varroa din familie. În funcție de anotimp există valori limită diferite: vara maxim 5-10 acarieni pe zi, iarna nu mai mult de 0,5 acarieni pe zi. Aceștia fac necesar un tratament timpuriu.

Furnicile reprezintă adesea o problemă. Ele cară acarienii morți de pe fundul stupului și împiedică astfel un control corect al infestării. Acarienii nu mai pot fi scoși din stup, dacă așezați pe fundul stupului hârtie de bucătărie îmbibată în ulei.

Metoda cu zahăr pudră

Metoda fiabilă de verificare a infestării este metoda cu zahăr pudră. Pentru aceasta pudrați aproximativ 50 de g de albine cu zahăr pudră fin, uscat într-un pahar pentru amestecare. După ce zahărul pudră a fost distribuit bine pe toate albinele, scuturați zahărul împreună cu acarienii căzuți de pe albine într-un castron deschis la culoare. Albinele scapă nevătămate din această procedură. Ele se introduc înapoi în ladă și sunt curățate acolo de celelalte albine. Pentru a putea număra bine acarienii din zahăr pur și simplu dizolvați zahărul cu apă sau îl cerneți.

Sfat
Găsiți instrucțiuni detaliate și ilustrate pentru metoda cu zahăr pudră pe pagina de internet www.bienenkiste.de și un filmuleț pe YouTube de la institutul apicol Kirchhain ("Varroa-Befallskontrolle mit Puderzucker").

Tratamentul împotriva Varroa

Dacă după verificare se ajunge la concluzia că există prea mulți acarieni, trebuie să tratați familia. Vara se tratează cu acid formic, iar iarna fără puiet, cu acid oxalic. Acidul oxalic pot fi folosit și în cazul roiurilor înainte de a se construi celulele pentru puiet. Tratamentele cu timol, respectiv cu BienenWohl sau acid lactic sunt discutabile. Aveți apicultori în cartier? Atunci ar trebui să vă puneți de acord cu privire la momentul tratamentului. Deoarece dacă numai unul dintre dvs. aplică tratamentul, se poate ajunge rapid la reinfestare.

Tratamentul de vară cu acid formic

Deoarece familia de albine la sfârșitul verii încă mai crește puiet, se tratează cu acid formic. Spre deosebire de acidul oxalic, acidul formic pătrunde în celulele căpăcite, cu puiet. Tratamentul de la sfârșitul verii trebuie să stabilizeze familia pentru a se putea dezvolta albine de iarnă sănătoase, care să poată ierna. Se recomandă utilizarea unui tratament de lungă durată cu vaporizatorul Nassenheider.

Pentru aceasta aveți nevoie de:
- Vaporizatorul Nassenheider cu set suplimentar orizontal (din magazinele apicole)
- Acid formic în concentrație de 60 %, de uz veterinar (din magazinele apicole sau din farmacie)
- Ochelari de protecție și mănuși de protecție prin care nu trece acidul (acidul formic are efect puternic iritant!)
- Găleată cu apă (pentru a putea îndeparta la nevoie stropii de acid)

Tratamentul este simplu și este descris în detaliu în prospectul vaporizatorului. Deoarece succesul tratamentului depinde de temperaturile exterioare, trebuie să aveți în vedere starea vremii din următoarele zile sau să verificați pe pagina de internet www.varroawetter.de. Observați infestarea cu acarieni în timpul și după tratament. Dacă tratamentul nu a reușit, este necesar eventual un al doilea tratament.

Bine de știut
Cel mai bine este să faceți tratamentul împotriva Varroa cu acid formic la puțin timp după recoltarea mierii, dar niciodată înainte!

Cu vaporizatorul Nassenheider se vaporizează acidul formic uniform pe o perioadă mai lungă de timp.

Acidul oxalic este introdus uniform pe culoarele dintre faguri cu ajutorul unei seringi de unică folosință.

Tratamentul de iarnă cu acid oxalic

Iarna se elimină complet acarienii din familia de albine cu tratamentul cu acid oxalic, pentru ca albinele să poată trece cu bine peste anotimpul rece. Există mai multe metode. Iată de ce aveți nevoie pentru metoda prin picurare:
- Soluție de zaharoză cu dihidrat de acid oxalic în concentrație de 3,5% (de la OXUVAR®)
- Seringă de unică folosință de 50 ml
- Ochelari de protecție, mănuși de protecție, găleată și apă

În funcție de dimensiunea familiei de albine introduceți 30 până la 50 ml de soluție cu seringa pe cât posibil uniform în culoarele dintre faguri, unde se află albinele. Prin instinctul lor de curățenie, albinele distribuie amestecul de zahăr și acid în întregul ciorchine de iarnă. Metoda prin picurare nu trebuie repetată deoarece solicită prea mult albinele.

Vaporizarea și pulverizarea

Mulți apicultori preferă vaporizarea care afectează mai puțin albinele, a dihidratului de acid oxalic cristalizat, prin intermediul unui vaporizator în formă de lingură, care funcționează cu baterie auto (de la Varrox®).

În acest caz, lada nu trebuie deschisă, astfel că aerul din stup nu se împrăștie în lunile reci de iarnă. Totuși, la fel ca și pulverizarea de acid oxalic, metoda nu a fost încă aprobată în Germania.

Alte boli ale albinelor

Dacă familiile de albine sunt slăbite și stresate din cauza unei infestări puternice cu Varroa, din cauza foamei, a alimentației insuficiente, a pesticidelor sau a pierderii neidentificate a reginei, atunci sunt predispuse la boli. Iată o scurtă prezentare generală a celor mai frecvente boli ale albinelor.

Boli ale puietului albinelor

Loca americană
- Numită și puiet neviabil, rău.
- Cauzată de bacteria care formează spori, *Paenibacillus larvae*.
- Se transmite adesea prin mierea infestată introdusă la puiet.
- Imaginea bolii: cuib pentru puiet cu multe goluri, celule cu puiet căpăcite răzlețe, căpăcele găurite, afundate.
- Proba cu bățul de chibrit: larvele din celulele căpăcite s-au descompus într-o masă maronie, cu miros neplăcut (asemănător cu cleiul) și o textură vâscoasă.
- Dacă aveți îndoieli: trimiteți o probă din coronița de hrană.
- Obligație de notificare în cazul unei epidemii în Germania și Austria (în Elveția există o obligație de înregistrare): înștiințarea oficiului veterinar, se instaurează restricții în regiune.

Sporii de loca americană se pot răspândi prin comerțul cu miere! De aceea, nu hrăniți niciodată (!) familia cu miere străină. În plus, albinele nu ar trebui să aibă acces, de exemplu, la borcanele cu miere din coșurile de gunoi deschise sau în containerul de reciclare a sticlei.

Loca europeană
- Numită și puiet acru.
- Mai puțin periculoasă decât loca americană.
- Declanșată de bacteria *Melissococcus plutonius*.
- Se produce adesea prin introducerea mierii infestate în celulele cu puiet.
- Semne ale bolii: cuib pentru puiet cu goluri, larvele rotunde se colorează în galben mat, mai târziu în maro închis și stau încolăcite pe fundul celulei.
- Puietul nu este vâscos, dar are miros acru

Puietul văros
- Cauzat de ciuperca *Ascosphaera apis*.
- Sporii ciupercii ajung în hrană și sunt duși de albinele doică la puiet.

Probă cu băţul de chibrit pozitivă: familia este infestată cu loca americană.

„Mumiile de calcar" întărite din celule indică puietul văros.

- Imaginea bolii: cuib pentru puiet cu goluri. Larvele sunt întinse, întărite în celule sau au devenit „mumii calcaroase" şi sunt scoase din celule de albinele de curăţenie.

Dacă aţi observat sau presupuneţi că există o boală în familia de albine, trebuie să cereţi neapărat sfatul şi ajutorul mentorului apicultor! Adesea familia poate fi curăţată. Dacă familia se destramă neobservată, sunt atrase familiile jefuitoare.

Boli ale albinelor mature

Dizenteria
- Diaree în cazul intestinului cu fecale suprasolicitat.
- Cauzată de hrana proastă sau mierea de pădure bogată în fibre din timpul iernii.
- Imaginea bolii: în zona urdinișului, pe faguri și pe pereții lăzii sunt urme închise la culoare de fecale.

Nosemoza
- Boală digestivă foarte puternică, numită și oftică de primăvară.
- Cauzată de paraziții unicelulari *Nosema apis*, care se răspândesc prin spori.
- Se produce prin intermediul fagurilor contaminați din stup.
- Imaginea bolii: lada împroșcată cu fecale, inclusiv fagurii, dezvoltare slabă primăvara, albine dezorientate sau care nu pot zbura, cu abdomenul umflat.

Acarapioza
- Îmbolnăvire a căilor respiratorii, numită și acarianul traheei.
- Cauzată de acarianul parazit *Acarapis woodi*.
- Imaginea bolii: albine care nu pot zbura, sunt slăbite, tremură și au aripi ascuțite.
- Tratamentul împotriva Varroa cu acid formic are efect și împotriva acarienilor traheii.

Infestarea traheilor cu acarieni Acarapis se poate recunoaște adesea după albinele care nu pot zbura, cu aripi neobișnuit de ascuțite, cum sunt cele din imagine în mijloc, sub regină.

Albinele care suferă de nosemoză defechează și pe faguri.

O consecință specifică a Varroa este lada părăsită cu suficientă hrană pentru iarnă rămasă.

Mulți apicultori se tem de răspândirea din ce în ce mai accentuată a gândacului mic de stup în Europa, care poate ucide mai ales familiile slabe.

Recunoașterea situațiilor de urgență

Le este bine albinelor mele? Se comportă normal? Orice începător este nesigur dacă lucrurile se desfășoară normal în familia de albine. Cu timpul veți observa la verificarea familiei, dacă ceva nu este bine. Veți învăța să interpretați gunoiul (vezi paginile 108 și 109), precum și comportamentul albinelor la urdiniș.

Observarea urdinișului
- Ieșiri și intrări agitate, continue: pot indica pierderea reginei.
- Albine care se târăsc cu aripi mutilate: varrooză!
- Albine care se târăsc, cu abdomenul umflat: suspiciune de nosemoză.
- Albine care tremură, cu aripi ascuțite: suspiciune de acarapioză.
- Impuls de zbor brusc, foarte activ la o familie slăbită: furtișag!
- Primăvara se culege mult polen: familia asigură hrana primului puiet.
- Albine zburătoare care aterizează greoi cu abdomenul atârnând: albine culegătoare cu gușile pline de miere.
- Ieșiri și intrări hotărâte, rapide: albinele au descoperit o sursă bună de plante melifere.
- Miros opulent care iese din urdiniș: cules bun, nectarul este transformat în miere.

Bine de știut
Cartea „Am Flugloch" (La urdiniș) de Heinrich Storch oferă numeroase alte observații și explicații ale fenomenelor care se produc la urdiniș.

Albinele care ventilează se recunosc după abdomenul ridicat, glandele olfactive extinse și aripile care ventilează. Ele împrăștie mirosul specific din stup pe baza căruia se orientează albinele care se întorc acasă.

Dacă în întregul stup se pot observa doar celule cu trântori de formă bombată, familia de albine și-a pierdut regina, iar mamele de trântori au preluat depunerea de ouă.

Refacerea

Dacă regina moare subit, în familie se declanșează o situație de urgență. Există o șansă de supraviețuire atât timp cât în stup există încă larve rotunde. Deoarece toate larvele sunt hrănite în primele trei zile cu lăptișorul de matcă valoros (vezi pagina 14), încă se poate transforma o larvă tânără de albină lucrătoare în regină. Larva rotundă primește – la fel ca în cazul reginei – în continuare lăptișor de matcă, iar celula sa este transformată pentru a lua formă de arahidă. Din acest motiv, celulele de refacere se găsesc adesea în mijlocul unui fagure, nu pe rândul de jos, cum se întâmplă în cazul botcilor.

Mame de trântori

Pe de altă parte, dacă într-o familie fără regină nu mai există larve tinere, albinele lucrătoare devin mame de trântori. Deoarece ele nu sunt împerecheate, depun ouă nefertilizate din care eclozează doar trântori. Se spune că familia de albine este „bezmetică", ceea ce se poate observa bine la celulele pentru puiet cu capace bombate (vezi pagina 43). Dacă situația de urgență nu este identificată de dvs. ca apicultor, atunci familia nu are nicio șansă de supraviețuire.

Curățarea familiei de albine

În situații de urgență divizați familia fără regină, cu puiet de trântor: introduceți fum pentru ca albinele să se îndoape cu miere. Apoi măturați familia de pe faguri într-o zi caldă în apropierea altor familii de albine. Cu gușile pline de miere albinele își pot găsi adăpost în alte familii. Lada goală trebuie îndepărtată pentru ca albinele să nu zboare înapoi.

Ce altceva mai puteți face pentru albine

În calitate de apicultor aveți deja o contribuție extraordinară pentru albine și natură. Ați dori totuși să faceți mai mult? Iată câteva idei pe termen lung....

Plante melifere și pajiști pentru albine
Plantați în grădină sau în locurile publice libere plante perene specifice regiunii, copaci și arbuști care să ofere pe întreaga perioadă a anului suficient nectar și polen. Ce trebuie să știți: în numeroasele broșuri ale centrelor de grădinărit se oferă plante crescute masiv, cu glande nectarifere atrofiate și flori de dimensiuni maxime sau „flori pline". Acestea nu oferă hrană pentru insecte.

Plante melifere valoroase care înfloresc devreme și târziu
Există suficiente plante care înfloresc devreme, precum salcia, brândușa, lușca și anemona de iarnă în mediul înconjurător? Salcia se poate înmulți prin lăstari înainte de apariția frunzelor. Cel mai bine este să asigurați mai multe tipuri de salcie care înfloresc unele după altele în apropierea stupului, deoarece primăvara albinele nu pot încă să zboare pe distanțe mari.

Ca sursă de polen târzie puteți planta splinuță, facelia, muștar și aster american. Acestea sunt foarte importante pentru albinele de iarnă longevive. Poate vă doriți un perete acoperit cu iederă?

Rețeaua Blühende Landschaft (peisaj înfloritor)
Din anul 2003 rețeaua Blühende Landschaft are grijă ca albinele melifere și alte insecte polenizatoare importante să aibă o sursă de hrană, pe cât posibil pe întreaga perioadă a anului și astfel o bază pentru supraviețuire. Pe pagina de internet www.bluehende-landschaft.de, puteți comanda și experimenta amestecuri de semințe benefice pentru albine, speciale pentru regiunea dvs. prin care în calitate de apicultor, cetățean, grădinar sau agricultor puteți face ca peisajul (agricultura) să înflorească.

Prin intermediul amestecurilor de semințe de la rețeaua Blühende Landschaft puteți face ca natura să înflorească pentru albine, bondari & co.

Ne-am săturat!

Apicultura și agricultura trebuie dezvoltate împreună. Fără albine nu există recoltă. Fără plante sălbatice și agricole nu există suficientă hrană pentru albine. Cu toate acestea, agricultura intensivă susținută de politica agrară existentă otrăvește în adevăratul sens al cuvântului insectele polenizatoare, precum și resursele noastre naturale.

De aceea luptă agricultorii, apicultorii, numeroase asociații de protecție a mediului și consumatori critici în demonstrații mari, congrese, precum și în instanțe pentru o reformă agrară – să se elimine industria agrară și să se înlocuiască cu o agricultură sustenabilă, ecologică și prietenoasă cu albinele („Wir haben es satt!" – Ne-am săturat, Asociație pentru protecția albinelor, Bienenschutz.org …).

Direct de la producător

Cine cumpără miere direct de la apicultor, iar legumele și fructele de la fermieri ecologici susține nu doar propria sănătate, ci și apicultura și agricultura locală. Acest lucru este benefic în cele din urmă albinelor, naturii, diversității și fertilității solurilor …

© 2016 Eugen Ulmer KG
Wollgrasweg 41, 70599 Stuttgart
(Hohenheim)

© 2020 Editura M.A.S.T., București

Lucrarea și întregul său conținut sunt protejate prin drepturi de autor. Se interzice și se penalizează utilizarea lucrării în afara limitelor drepturilor de autor și fără consimțământul editurii M.A.S.T. Acest lucru include copierea, traducerea, microfilmarea, stocarea și prelucrarea în sisteme electronice.

Excludere a răspunderii
Recomandările și informațiile din această carte au fost culese și verificate cu mare grijă de autoare. Cu toate acestea, nu se poate garanta 100% corectitudinea informațiilor. Autoarea și editura nu își asumă răspunderea pentru daune sau accidente în timpul manoperei. Editura Eugen Ulmer nu își asumă răspunderea pentru conținuturile de pe paginile de internet menționate în carte.

Descrierea CIP a Bibliotecii Naționale a României
SUST, ANGELIKA
   Primele noastre albine / Angelika Sust. - București : Editura M.A.S.T., 2020
   ISBN 978-606-649-126-6

638.1

Traducere: Daniela Georgiana SANDU

Editura M.A.S.T – Oferta de carte

I. Colecția agro-zoo   Preț

1. ABC-ul meseriei. Tăierile de formare și întreținere pentru pomi și arbuști fructiferi și ornamentali — 26,00
2. Adăposturi pentru vite — 16,00
3. Albinăritul pastoral — 12,50
4. Albinăritul pentru începători — 14,50
5. Altoirea pe înțelesul tuturor (color) — 23,50
6. Atlas color de recunoaștere: muguri și lăstari pentru arbori și arbuști — 24,00
7. Bolile albinelor — 14,00
8. Bolile și dăunătorii plantelor. Diagnostic și tratament (100% color) — 39,00
9. Bolile vacilor — 24,00
10. Broaștele țestoase de apă: exotice, fascinante, unice — 25,00
11. Caisul și piersicul — 16,50
12. Cireșul și vișinul — 10,00
13. Ciupercile. Cultura ciupercilor Agaricus, Pleurotus și ghidul ciupercilor din flora spontană — 15,00
14. Combaterea cârtițelor din grădină — 10,00
15. Crescătoria de curcani — 12,50
16. Crescătoria de rațe și gâște — 12,50
17. Creșterea albinelor în stupi orizontali — 13,00
18. Creșterea caprelor — 14,00
19. Creșterea găinilor — 9,50
20. Creșterea iepurilor de casă — 13,50
21. Creșterea melcilor — 14,00
22. Cartea viei și vinului — 28,00
23. Creșterea porumbeilor — 13,00
24. Creșterea prepelițelor — 11,50
25. Creșterea vacilor — 13,00
26. Creșterea porcilor. Manual. — 35,00
27. Creșterea și îngrijirea cailor — 19,00
28. Cultura arbuștilor fructiferi — 15,00
29. Cultura legumelor din grupa verzei — 12,00
30. Cultura legumelor în câmp și solarii — 15,00
31. Cultura legumelor bulboase: ceapă, usturoi, praz — 9,00
32. Cultura legumelor recoltate iarna — 20,50
33. Cultura mărului — 14,00
34. Cultura măslinului — 14,00
35. Cultura plantelor sălbatice comestibile — 19,50
36. Cultura prunului — 12,50
37. Cultura rădăcinoaselor — 10,00

38. Cultura tomatelor, ardeiului și vinetelor — 11,00
39. Cultura trandafirilor — 16,50
40. Cultura tutunului — 7,00
41. Cultura plantelor valoroase rare — 12,00
42. Dresajul cailor: bazele inițierii pentru cal și călăreț — 15,00
43. Fructe și legume bio numai cu tratamente naturiste — 14,50
44. Furajarea ecologică a bovinelor — 9,00
45. Grădinăritul cu apă mai puțină (100% color) — 19,50
46. Grădina berarului amator — 16,50
47. Grădinăritul în zonele urbane — 14,50
48. Grădinăritul bio pentru începători — 19,50
49. Iernatul albinelor — 13,00
50. Irigații în culturile horticole — 13,50
51. Îndrumătorul viticultorului amator. Soiurile rezistente de viță-de-vie și particularitățile lor de cultură — 27,00
52. Livada, grădina și via. Boli, dăunători și tratamente. Ediția 20 — 14,50
53. Manual de creștere a albinelor — 37,00
54. Manual de construcție și utilizare a solarelor — 15,00
55. Metode de înmulțire a plantelor — 24,50
56. Mulcirea culturilor de legume — 16,50
57. Nucul, alunul și migdalul — 13,00
58. Părul și gutuiul — 13,50
59. Păsări decorative — 16,00
60. Plante medicinale. Cultură. Ghid foto. Acțiune terapeutică — 28,00
61. Plante în ajutorul altor plante — 12,50
62. Pomii fructiferi. Lucrări de înființare și întreținere a plantațiilor — 17,50
63. Pomi fructiferi cu coroane pe spalieri — 29,00
64. Potcovitul de calitate — 12,50
65. Producerea materialului săditor pentru legume, pomi și vie — 18,50
66. Rase de iepuri. Atlas color — 30,00
67. Refacerea viilor vătămate — 8,50
68. Rozătoare de companie — 11,00
69. Struțul. Creștere, împerechere și comercializare — 13,00
70. Sănătatea, bolile și îngrijirea copitelor — 14,50
71. Șerpi și șopârle — 10,00
72. Tăierile de formare pentru arbuștii ornamentali — 20,00
73. Vinăria de acasă — 28,00
74. 100 Plante pe placul albinelor (100% color) — 29,00
75. Creșterea reginelor de albine. Ghid pentru apicultori — 22,00
76. Rotația culturilor în grădina de legume — 19,00
77. 10 Ciuperci. Cum să găsești și să determini cele mai sigure specii — 16,50

II. Bolile pe înțelesul tuturor
1. Acneea și rozaceea — 29,00
2. Afecțiunile gingivale și parodontoza pe înțelesul tuturor — 8,50
3. Afecțiunile neurologice pe înțelesul tuturor — 10,50
4. Afecțiunile ureterului, vezicii urinare și prostatei — 15,00
5. Bolile esofagului, stomacului și duodenului — 16,00
6. Bolile ginecologice pe înțelesul tuturor — 13,50
7. Bolile hepatice pe înțelesul tuturor — 15,00
8. Bolile inimii pe înțelesul tuturor — 16,00
9. Bolile intestinului și pancreasului pe întelesul tuturor — 15,00
10. Bolile respiratorii pe înțelesul tuturor — 15,00
11. Bolile reumatice pe înțelesul tuturor — 16,00
12. Bolile sângelui pe înțelesul tuturor — 9,00
13. Bolile vasculare pe înțelesul tuturor — 7,50
14. Cauzele îngrășării și ale slăbirii pe înțelesul tuturor — 10,00
15. Diabetul zaharat pe înțelesul tuturor — 20,00
16. Hrana de zi cu zi. Între sănătate deplină și sinucidere lentă — 15,00
17. Infarctul miocardic — 10,00

III. Mâncăruri și băuturi
1. Afumături, pastramă, cârnați: carne de porc, vită, pasăre și vânat — 18,00
2. Biblia bucătăriei Vegan — 29,00
3. Brânzeturi pentru casă și piață — 14,00
4. Bucătăria etniilor din Cernăuți — 19,50
5. Carnea uscată. Secretul mezelurilor de excepție (100% color) — 23,50
6. Cartea de foc a ardeilor Chilli — 20,50
7. Cazanul de țuică. Tehnici de fermentare, tehnici de distilare — 13,00
8. Cârnați, salamuri și lebăr. Producere și comercializare — 14,00
9. Cidrul, vin din pere, rachiu și Calvados — 13,50
10. Conservarea cărnii. Metode de preparare a cărnii pentru păstrarea pe termen lung. Carte practică — 18,50
11. Conservarea prin uscare. Fructe, legume, plante medicinale și verdețuri, ciuperci și altele — 18,50
12. Cum producem cele mai bune băuturi distilate — 20,00
13. Delicii în oțet, ulei și alcool — 20,50
14. Fabricarea berii la îndemâna tuturor — 15,00
15. Ghidul barmanului. Peste 700 rețete de băuturi alcoolice și nealcoolice — 26,00
16. Mămăliga și terciul de cereale în 130 de rețete culinare tradiționale și reinterpretate — 35,00
17. Murături, sosuri și chutney din fructe și legume — 15,00
18. Marmelade, gemuri și jeleuri — 14,00
19. Mierea. Aliment și medicament — 15,00

20. Oțet și muștar – produse făcute în casă   20,00
21. Pâine în cuptorul automat   10,50
22. Pește afumat și marinat   9,50
23. Propolis. Obținere – Rețete – Utilizare – Sănătate de la albine   18,50
24. Rețete culinare din flori   14,50
25. Savoarea ceaiurilor. Ceaiuri din frunze, fructe și flori (100% color)   23,50
26. Sirop si nectar din fructe, flori și plante medicinale   14,50
27. Whisky în producție casnică   13,00
28. 22 Condimente care îți ocrotesc sănătatea   15,00
29. Vinuri curative și vinuri pe bază de plante aromate – făcute acasă. Sănătate pentru suflet   21,67

IV. Colecția: Poți face și singur
1. Acoperișuri. Lucrări de dulgherie, izolare, învelire.   20,00
2. Adăposturi și locuințe din baloți de paie   18,50
3. Amenajarea modernă a mansardelor   8,50
4. Arome, parfumui și balsamuri naturale   18,00
5. Bărci din lemn   37,00
6. Captarea și folosirea în gospodărie a apei din precipitații   11,00
7. Case cu consum rațional de apă   29,00
8. Căsuțe mici în curți și în grădini   39,00
9. Circuite electrice în casă și împrejurimi (format A4, color). Ediția a 2-a   46,00
10. Construirea și montarea scărilor   12,00
11. Construcții ușoare pentru curte și grădină   28,00
12. Construcții de cărămidă   38,50
13. Construiți propria dronă   39,00
14. Coșuri din nuiele. Un hobby dar și o afacere   20,00
15. Cuptoare și grătare de grădină   14,00
16. Cuptorul cu lemne   30,00
17. Doar puțină îndemânare. Bricolaj   40,00
18. Fieräritul – o îndeletnicire simplă   17,00
19. Forarea manuală a puțurilor de apă   10,00
20. Garaje, parcări și șoproane   10,00
21. Garduri și porți (proiecte de garduri din lemn, metal, plastic)   37,50
22. Instalații solare   12,50
23. Instalații de încălzire   18,00
24. Izolarea termică a locuințelor. Ediția a 5-a   17,00
25. Încălzirea cu lemne   11,50
26. Manualul tâmplarului de mobilă   40,00
27. Manualul tapițerului   16,00
28. Mobilier rustic   32,50
29. Mobilier pentru întreaga casă   20,00

30. Manual de electronică pentru amatori. Ghid complet — 25,00
31. Modalități de refolosire a paleților — 19,00
32. Motorul Stirling — 12,00
33. Placarea ceramică — 32,00
34. Repararea și înlocuirea acoperișurilor — 12,00
35. Rețele de apă și canalizare, instalații sanitare. Ediția a 2-a — 15,00
36. Rotorul Savonius — 8,00
37. Să construim. Senzori — 45,00
38. Săpunul de casă. Rețetele saponificării la rece. Saponificarea la cald — 16,00
39. Sobe și șeminee — 11,50
40. Sudarea și lipirea metalelor — 14,00
41. Tehnica lucrărilor de zidărie, armare, cofrare. Prepararea betoanelor, șapelor, mortarelor și gleturilor — 12,00
42. Tehnica utilizării energiei eoliene. Manual de execuție. — 19,00
43. Vitralii — 38,00
44. Ziduri din piatră - detalii de construcție — 9,00

V. Hobby – Timpul liber
1. Apollo 11 Misiunea NASA AS - 506 — 49,00
2. Autohinpoza. Trusa mea de metode pentru gestionarea tuturor situațiilor — 8,00
3. Construcții din hârtie. Mașini și alte vehicule — 15,00
4. Curs de bază în acvaristică — 19,50
5. Destinații în Africa de Sud. Ghid eco. — 29,00
6. Manual de astronomie. Ghidul practic al cerului nopții — 55,00
7. Manualul bicicletei. Utilizare. Întreținere. Reparații — 45,00
8. Mic tratat de creștere a pisicilor — 24,00
9. Obiecte de podoabă din mărgele și noduri celtice — 37,50
10. Origami. Idei peste idei — 35,00
11. 100 de metode pentru un dresaj perfect — 37,50
12. Numerologia medicală — 14,00
13. Pescuitul la copcă. Capturi de șalău, știucă, păstrăv, biban, crap, pește lună — 48,00
14. Terapeutul nostru – pisica (100% color) — 15,00

VI. Vacanțe sigure pe apă și pe uscat
1. Ambarcațiuni cu motor. Tipuri-tehnici- conducere (100% color) — 29,50
2. Animale și urmele lor — 38,00
3. Cum supraviețuim în sălbăticie — 39,00
4. Cum să înotăm corect. Manual pentru începători — 19,50
5. Cum să navigăm corect pe bărcile cu pânze — 20,50
6. Cățărări și bouldering. Tehnici de cățărare și asigurare pentru începători — 21,50

7. Ghidul forțelor speciale neînarmate pentru lupta corp la corp — 19,00
8. Ghid medical de urgențe pe apă și pe uscat — 21,50
9. Hărți, busole, GPS — 16,00
10. Orientarea submarină în scufundarea de agrement — 15,00
11. Scufundarea liberă (fără respirație): principii de bază, tehnici de antrenament, practică — 21,50

VII. Plante cu viitor asigurat
1. Combustibilul pe bază de alcool — 26,00
2. Cultura lucernei și trifoiului — 12,00
3. Cultura sfeclei — 9,00
4. Cultura plantelor pentru ulei — 12,00
5. Lupinul dulce. Plantă proteaginoasă — 12,00

VIII. Stil de viață sănătos
1. Afrodiziace naturale. Medicină naturistă și rețete din plante medicinale pentru iubire — 48,00
2. Capcanele ascunse ale produselor naturale — 20,00
3. Fructe și legume cu proprietăți antiinflamatorii — 13,00
4. Germeni vegetali pentru o sănătate perfectă — 24,00
5. Gimnastica facială — 21,00
6. Mereu în formă! Mulțumită argilei — 22,00
7. Mic dejun si gustări pentru o viața sănătoas — 48,00
8. Miracolul sucurilor naturale — 12,00
9. Plante cu proprietăți antibiotice — 19,50
10. Purificarea completă a organismului — 12,00
11. Presupunctura cu aromaterapie — 48,00
12. Smoothie-uri din fructe și legume recomandate în tratarea a peste 70 de boli și stări de rău — 17,00

Editura M.A.S.T., OP 5, CP 95, București; tel.: 021 4101945 / 4101936; mobil 0723-536196; fax 021-4101945; SITE: www.edituramast.ro; e-mail: mast@xnet.ro

Tipărit la Tipografia Shik&Stefan SRL
Telefon: 021.450.25.32 / 0756.196.191
email: editurashik@yahoo.com